孟老师的
戚风蛋糕

U0325556

孟兆庆◎著

辽宁科学技术出版社
·沈阳·

看似简单，其实很有学问

在网络上经常会看到分享"戚风蛋糕"的成品照，而且一个比一个漂亮，对许多玩烘焙的人来说，制作戚风蛋糕是"基本功"，也是入门级的糕点，而且"会做"的比例非常高，因此，初期策划此书时，不免质疑这么简单又普遍性的题材，是否有可行性及必要性呢？

然而，有个事实不容忽视，那就是"新手"永远会出现，还有制作不熟练的生手也不时会产生种种疑虑，经常会在做出不理想的成品后，就开始裹足不前，甚至失去制作的动力。基于这些简单理由，我开始着手编写这本书。

但正式着手编写本书时，才发现原来戚风蛋糕不是想象中的"单纯"，以过去的制作经验来说，其实就是几样大家熟悉的口味而已；但基于食谱的变化性，则必须广泛使用各种食材。此时才发现，湿度高又蓬松的面糊，可不是轻易被驾驭的，于是反复试做，才得以克服种种"困境"；例如：可可粉内含有的可可脂含量，以及酸性（或酸涩）食材等，都会影响面糊的稳定性。另外值得一提的是，各种蔬果颗粒也不是可以随心所欲添加的，因为它往往会不听话地跟面糊分离，种种变数，足以说明要制作口味多变的戚风蛋糕是有学问的。

正因不同属性的食材，往往会"干扰"面糊的制作，间接地也会影响受热的膨胀效果，因此不断地调整材料，并以最好操作为原则；反复试做加上详细记录，果真花了不少时间。在这个过程中，也同时顾虑读者是否真的能够轻易上手，于是我了几位读者试做，以确认食谱的精准度，这样才让人放心；在此非常感谢馨慧、荃梅及 *Maggie* 对我的大力支持。

　　除了一般食谱外，本书还介绍了"烫面法"戚风蛋糕。基于食谱的多样化，也做了几道"烫面戚风蛋糕"，并以更具挑战性的"水浴法"完成。

　　最后感谢"三能食品器具公司"，让我有机会应用缤纷亮丽的烤模，得以在繁忙的食谱制作期间，将烦躁的心情，顿时从黑白变成彩色。

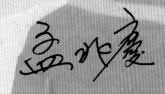

目录

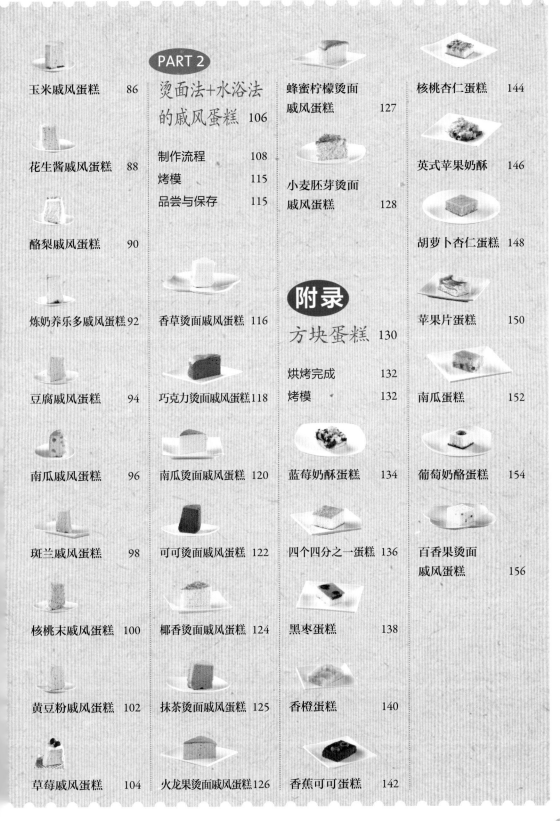

PART 1
戚风蛋糕

戚风蛋糕（Chiffon Cake）在西式糕点中，算是很基础的蛋糕体，除了直接食用外，最常见的，就是抹上鲜奶油，再装饰一番，变身成为生日蛋糕。

戚风蛋糕的水分含量较一般蛋糕体多，同时借由蓬松的蛋白霜，制作出松软湿润的蛋糕组织，轻盈清爽的口感，深受众人喜爱。

Chiffon Cake

戚风蛋糕的基本做法

戚风蛋糕的用料单纯，制作过程也不复杂，无论制作什么样的口味，都是由"蛋黄面糊"加"蛋白霜"组合而成。

制作时，首先必须准备2个大容器，以分别制作"蛋黄面糊"与打发的"蛋白霜"。

蛋黄、盐、鲜奶、油、面粉

蛋白、细砂糖

蛋黄面糊　＋　蛋白霜

两组材料的组合

1. 面粉（或加其他粉类）→先过筛

2. 蛋黄＋盐→搅匀

3. 鲜奶（或其他液体）＋油→隔水加热

4. 蛋白＋糖→打发

混合乳化

混合成蛋黄面糊

混合后烘烤

制作流程

既然戚风蛋糕是以"蛋黄面糊"加"蛋白霜"组合而成，那么在制作过程上，也必须讲究先后顺序，才能确保蛋糕的品质。

step 1 　　**准备工作**

确认烤模种类大小、面粉过筛、烤箱预热

step 2 　　**制作蛋黄面糊**

注意油、水乳化

step 3 　　**制作蛋白霜**

注意打发状态

step 4 　　**蛋黄面糊＋蛋白霜**

混合均匀

step 5 　　**面糊入模**

尽快

step 6 　　**烘烤**

多观察

step 7 　　**蛋糕出炉**

倒扣

step 8 　　**脱模**

要冷却后

step 1

⬇

准备工作 ●确认烤模种类大小、面粉过筛、烤箱预热

◎ 低筋面粉称好后，用细筛网过筛。
● 如筛网孔洞不够细，则必须过筛2次。

◎ 烤箱提前预热。（详见P.18 "烤箱预热" 的说明）

step 2

⬇

制作蛋黄面糊 ●注意油、水乳化

①

蛋黄加入盐，用打蛋器搅打均匀备用。

液体油

泛指一般植物性油脂，例如：色拉油、玄米油、葵花油、玉米油等，选用油脂时，尽量以味道淡者为宜，味重的橄榄油或花生油，较不适合。有关油脂说明，请看P.16 "液体油V.S.固体油"。

②

将鲜奶及液体油放在一起隔水加热，温度约35℃（勿超过）。

● 加热后的液体较易与蛋黄搅匀乳化，但要注意在隔水加热时，温度不可过高，以免鲜奶中的乳脂肪分离，用手试温时，感觉比未加温时略高即可。

③

将加热后的鲜奶及液体油，用小汤匙搅一搅，再慢慢地倒入蛋黄液内，边倒边搅，用打蛋器不停地搅动，成均匀的蛋黄糊。

● 油、水（鲜奶、果汁等）与蛋黄混合时，务必花些时间搅匀，以达到乳化效果。

④

持续搅匀后，油脂（及鲜奶）与蛋黄糊确实融合，颜色稍微变淡，即完成乳化动作。

乳化

不同属性的油与水（或其他液体）无法融合均匀，通常必须借由乳化剂或激烈地搅拌，成微粒分子后才能互相混合；而蛋黄中的卵磷脂极具乳化作用，不断地搅拌，即能达到融合效果。

别怕出筋

搅拌面糊时，利用打蛋器以顺时针、逆时针方向交错搅动，并适时地以 "井" 字形方式搅拌，以确保面糊的均匀度。
水量极高的面糊，质地较稀，是戚风蛋糕的面糊特性，事实上，在拌和干（面粉）湿（水分）材料时，是不容易出筋的；因此，务必花些时间确实地将面糊搅匀，质地细致才是最佳状态，如此一来，成品的口感富有弹性。

⑤

接着将已过筛的低筋面粉倒入蛋黄糊内，用打蛋器以不规则方向，持续地搅成完全无颗粒又细致的蛋黄面糊。

step 3

制作蛋白霜

● 注意打发状态

6 利用电动搅拌机，速度由慢而快搅打蛋白，首先呈现粗泡状。

7 持续搅打后，蛋白的泡沫增多，此时开始加入细砂糖，约1/3的分量。

8 将剩余的细砂糖再分2次倒入蛋白霜内。

● 利用手持式电动搅拌机，以最快速搅打，如用桌上型电动搅拌机（容量为五六升的机器），则用中速打发蛋白。

9 持续搅打后，蛋白霜会出现明显纹路，表示蛋白霜即将搅打完成。

10 搅打蛋白时，不可忽略容器周边粘黏的蛋白。

本书食谱的做法中，蛋白霜的打发照片只是"示意图"，请读者注意在搅打蛋白霜时，手持式和大功率的电动搅拌机所搅打出的蛋白霜，两者呈现的松发状态有所不同。

11 随时停机检视蛋白霜的松发度，如利用手持式电动搅拌机搅打，呈现小弯钩状即可。

● 如用功率较强的桌上型电动搅拌机，则蛋白霜呈大弯钩状即可。

12 确认蛋白霜搅打完成后，最后再以最慢速搅约1分钟，蛋白霜会呈现更细致的状态。

理想的蛋白霜

保有适度水分的蛋白霜，不会过度硬挺松发，易与蛋黄面糊拌和均匀，并呈现以下特性：

● 用橡皮刮刀在蛋白霜表面来回地滑动时，触感柔顺细滑。

● 蛋白霜不会流动，反扣时也不会滑落。

● 毛细孔非常细致，呈光滑的乳霜状。

↓ 蛋黄面糊＋蛋白霜

● 混合均匀

13 蛋白霜与蛋黄面糊混合前，必须将蛋白霜再搅匀，用橡皮刮刀从容器边缘及底部刮起翻拌，以确保质地一致。

14 取蛋白霜约1/3的分量（约为蛋黄面糊的体积），加入做法5的蛋黄面糊内，用打蛋器（或橡皮刮刀）轻轻地拌和均匀。

● 初步拌和时，蛋白霜的分量不可太少，否则搅拌后的质地太稀；尽量目测取约蛋黄面糊相同体积的蛋白霜，先做拌和动作。

15 拌和时从容器边缘及底部刮起，再切入面糊内，持续一刮一切的动作，并配合转动容器的动作，务必将边缘粘黏的面糊都要搅到。

16 初步的蛋白霜与蛋黄面糊混合完成后，接着快速地将面糊刮回到剩余的蛋白霜内。

● 初步混合好的面糊呈现流动状。

17 继续用橡皮刮刀搅匀，从容器边缘及底部刮起，快速地一刮一切的动作，注意边缘粘黏的蛋白霜也要搅到。

18 务必在最短的时间内，快速且轻柔地将蛋白霜完全混匀。

↓ 面糊入模

● 尽快

19 将容器稍微拉高并倾斜，用橡皮刮刀将面糊快速地刮入烤模内。

● 理想的面糊状态：会稍微流动。

20 用橡皮刮刀在面糊表面轻轻地来回刮匀，并尽量将凹凸不平的面糊抹平。

● 最后刮入的面糊质地较稀，因此必须借由刮刀将面糊表面再次搅动刮匀，以求面糊的稠度一致。

21 放入烤箱前，可用双手左右轻晃烤模，使面糊表面更加平整。

● 如要将烤模在桌面上震一下，以去除大气泡，注意力道不要过重，否则气泡越震越多。

step 6

烘烤

● 多观察

22

将烤模放入已预热的烤箱中，以上、下火170~180℃烤20~25分钟，面糊膨胀且上色均匀后，再将上火降低10~20℃，续烤10~15分钟，全程需35~40分钟。

确认烘烤完成

可利用细小尖刀插入面糊内，如刀面完全不粘黏，即表示烤熟；但不建议用细小的竹签确认，因为竹签的接触面太小，原本就不易粘黏面糊；另外，再配合轻拍蛋糕体表面的动作，如果有弹性且不会凹陷即可。

有关"烤温设定"，请看P.19说明。

step 7

蛋糕出炉

● 倒扣

刚从烤箱取出的蛋糕，可先将蛋糕模在桌面上轻震一下，让热气瞬间散发，使内部膨胀的组织趋于稳定，以避免过度内缩，接着再反扣悬空放置。刚烤好的蛋糕，内部组织非常脆弱，尚未定型，借由倒扣的下坠感，将蛋糕的蓬松组织向下"撑开"，才能维持气孔的稳定性，当蛋糕完全冷却定型后，即可准备脱模。

step 8

⬇

脱模

● 要冷却后

冷却后的蛋糕体，富于弹性，可顺利脱模；如时间允许的话，最好先将蛋糕模放入冷藏室冷藏片刻，使蛋糕体更加坚实，更有利于脱模动作。

◆ 用脱模刀

◎一手扶着烤模中空处，另一手抓紧脱模刀，紧贴着烤模边缘刮一圈。

◎再将脱模刀紧贴着中心处划开。

◎用双手将蛋糕体向上撑开，则可脱离烤模外圈。

◎最后将脱模刀紧贴着烤模底部，利落地划一圈后再反扣，蛋糕即可脱离烤模。

◆ 徒手脱模

◎用双手轻轻地将蛋糕边缘向内剥开，蛋糕体则与烤模分离，轻轻地边压边转烤模，压到约2/3的位置。

◎再紧贴着中心处，向下压到约2/3的位置。

◎再将蛋糕烤模倒扣，在桌面上轻敲边缘处，被压缩的蛋糕体即会恢复原形，粘黏处也会被敲开。

◎双手将烤模轻轻地松开，蛋糕体即脱离烤模，最后将底部轻轻地剥开即可。

成功的戚风蛋糕

在上述做法中，详细说明了蛋黄面糊的制作、蛋白霜的打发要求，以及最后的"拌和"手法；而入模前的面糊所呈现的质地，也足以决定烤后的蛋糕品质。当面糊在烘烤中，内部气泡受热膨胀，表面渐渐出现裂纹，都属于正常现象。如果面糊裂得很规矩，呈现放射状的裂纹时，膨胀度也恰到好处，就表示在制作时，面糊既稳定又均匀。

影响成败的小细节

避免食材损耗

拌和时，容器上粘黏的食材，要尽量刮干净，降低损耗率，才不会影响面糊的浓稠度。

打发蛋白时，可加些柠檬汁

制作蛋白霜时，力求稳定性，在搅打过程中，可放少量的柠檬汁（约1小匙），有助于平衡酸碱度，可让蛋白霜的质地更细致；书上的食谱，材料中并未列出柠檬汁，读者可依需要，在搅打蛋白霜时添加柠檬汁。

1大匙（Table spoon）

1小匙（Tea spoon）

标准量匙

1/2小匙

1/4小匙

（1/4小匙的一半分量，就是1/8小匙）

打发蛋白时，勿任意减糖

蛋白霜的品质，影响蛋糕体的蓬松度及内部组织，在制作蛋白霜时，细砂糖是不可或缺的"添加物"；足够的糖量，绝对有助于蛋白霜的打发。事实上，就算不加糖，甚至糖量偏低，蛋白仍可打发，但打发后的粗糙质地会影响面糊的膨胀组织。因此，糖量至少不得低于蛋白的50%，才有利于蛋白的打发效果。

称料精确

食谱中所需要的蛋黄及蛋白的用量，都不是以"个"为单位，而是分别以"克"标示；否则鸡蛋的大小不同，往往会影响面糊的浓稠度，因此请读者应不厌其烦地将鸡蛋去壳，再分别称取蛋黄及蛋白的用量。

用量极少的食材（例如：调味用的酒类）或是不易称量重量的食材（例如：咖啡粉），可用**标准量匙**称取，舀出粉末状材料时，必须将表面多余的部分刮平，以确保取量正确。

液体油 V.S. 固体油

　　一般制作戚风蛋糕都习惯用液体油，也就是植物性油脂，最大的好处是易与面粉中的麸质融合，变成有延展性的柔软面糊；在制作过程中，完全不受外在温度影响，拌和时，能与松发的蛋白霜融为一体。

　　而固体油脂（指无盐黄油）到底能不能制作戚风蛋糕呢？答案是肯定的。但必须注意，固体油往往受环境温度影响，如果制作拖延，或处理不当，有可能失去应有的流动性，那么就有碍于拌和动作。

　　然而，使用不同属性的油脂做出的戚风蛋糕，各有其优缺点，就制作与口感而言，以相同的基本材料制作P.24"香草戚风蛋糕"（未加香草荚），其差异性如下。

液体油的成品　　　　固体油的成品

◆ 40克液体油　　　　　◆ 40克无盐黄油

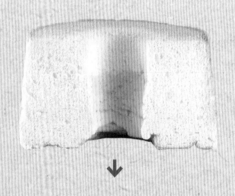

制 作 →	不受气候影响	必须注意融化后的温度
色 泽 →	较浅	稍黄
膨胀度 →	较高	稍低
组 织 →	均匀	均匀
口 感 →	香气较弱	香气较浓

双倍黄油的成品

◆ 80克无盐黄油

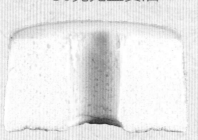

色泽更黄，香气更加浓郁可口

事实上，只要注意天然固态奶油的融点与特性，同样能顺利完成戚风蛋糕的制作；本书中有几道食谱，依食材的搭配性并突显浓郁口感，特别利用无盐黄油来制作，例如：P.26"黑芝麻戚风蛋糕"、P.40"奶酪戚风蛋糕"、P.54"抹茶红豆戚风蛋糕"及P.68"胡萝卜橙汁戚风蛋糕"等。读者在制作时，也可依个人喜好与熟练度，将无盐黄油改成一般的液体油。

以"无盐黄油"制作的要点

1 黄油切小块，与鲜奶（或其他液体）一起放入容器内，隔水加热。

2 注意锅中的水温不要过高，加热的同时不停地搅动。

3 在黄油全部融化前，即可将容器离开热水，利用余温加以搅动，黄油就会完全融化；注意加热时，温度不可过高，以免乳脂肪分离，影响成品。

4 如当时的环境温度较低时，必须将装有融化黄油的容器放在热水上保温，以维持黄油的流动性（掌握黄油的温度30~35℃）；接下来，制作流程与液体油的制作方式完全相同。（如P.10~13做法3~22）

以"无盐黄油"制作时，应避免使用冷藏室的低温鸡蛋，称料前务必先取出回温，否则会影响面糊与蛋白霜的拌和。

烤箱预热

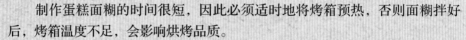

预热时机

　　制作蛋糕面糊的时间很短，因此必须适时地将烤箱预热，否则面糊拌好后，烤箱温度不足，会影响烘烤品质。

　　一般家用的烤箱，视不同的品质，其升温与降温速度有所不同；如结构简单的小烤箱，其温度上升较快，当然失温也快，通常在七八分钟后，几乎已达烘烤所需的温度了。反之，密闭性较好的烤箱，预热时间较久，一般而言，要花10~15分钟才能达到理想的烘烤温度，因此，读者可依个人的操作速度，开始将烤箱预热。

预热温度

　　预热的温度，必须视实际烘烤的温度而定，但所设定的温度，最好比实际烘烤时稍低，待面糊入烤箱后，再将烤温提高到正式烘烤的温度；也就是说，当将生面糊放入烤箱时，烤箱应当处在"通电"状态，才能即时受热烘烤，否则温度不足，多少会影响面糊的稳定性。

　　例如：必须以上、下火约180℃烘烤，预热时，温度设定为上、下火170~175℃即可，当生面糊入烤箱时，再立刻将烤温提高到180℃。

烤温设定

  制作戚风蛋糕，对生手而言，要确实掌握制作要领，其实并不困难，只要好好阅读并体会书中的说明，即能快速上手；然而，很多人却疏忽最后的烘烤原则，甚至掌握不了自家烤箱的特性，进而前功尽弃。烤蛋糕，其实就跟煮菜做料理一样，该用什么样的火候，该以多少时间完成，都必须时时观察，并运用经验。"活用"炉火，是再自然不过的事；同样地，对于烘烤时的温度掌控，也绝不该完全遵照食谱上的烤温及时间数字，必须多多观察烤箱"动态"。一个戚风蛋糕的生面糊送入烤箱烘烤，多久会上色？多久会膨胀？过程中，受热是否平均？是否有某处特别容易烤焦？这些可能发生的状况，都只有当事人（烘烤者）最清楚。

  很多人常说，要跟自家烤箱"做朋友"，也就是多做多尝试，了解烤箱特性及问题点。

  至于书上所交代的烘烤事宜，顶多是提供"原则"，当你看到食谱做法中，温度为170℃、180℃这些数字，表示说，是建议你用"中温"烘烤，如果温度为130~150℃时，就表示这款烘焙产品，是以"低温"方式完成；但问题是，你的烤箱中温或是低温该设定在哪个烤温范围，就不见得跟书上一样了。前面提到，多多观察自家烤箱特性，如果设定的温度与书上相同，却在极短时间内，生面糊便快速上色，就表示烤箱温度偏高，下回注意，必须调降温度才行，否则蛋糕表面容易烤焦，内部却无法确实烤透；反之，已烤二三十分钟的生面糊，上色仍不明显，有此状况时，分明就是烤箱温度偏低了；总之，"烤温"与"时间"要灵活运用。

Q：该用"高温快烤"？还是"低温慢烤"？
A：该用中温，不快也不慢。

只要最后的蛋糕成品是理想状态，无论用何种温度烘烤，其实都是可行的。但要注意，烤温的高低，往往影响蛋糕体的质地；甚至根据不同的面糊属性、分量及用料，都必须重视"火温"，例如：面糊内含易上色的蜂蜜，就必须注意调降温度，还有糖量的多少，也会左右面糊的上色速度。

通常，一个直径20厘米的圆烤模，盛有约七分满的面糊，以一般中温（170~180℃）烘烤12~15分钟后，就会膨胀至八分满，同时也会轻微上色；以此为依据的话，如果烤温太低（130~150℃），当面糊受热速度变慢，万一面糊的稳定性又不够，那么最后的成品组织肯定缺乏蓬松度；除非面糊内加了蓬松剂（泡打粉），多了"助发"作用。

而烤温太高，也有问题。当生面糊受热太快时，最直接影响的，即是接触烤模边缘的面糊，会快速受热定型，而影响面糊的"爬升"度，最后的成品表皮过厚，蓬松度不足。

本书中的戚风蛋糕烘烤方式，均以上、下火都一致的"中温170~180℃"开始，持续烤20~25分钟后，面糊的膨胀度几乎已定型，色泽也达理想状态，此时开始将上火温度降低10~20℃，而成"上火小、下火大"的烤温模式，继续将面糊内部彻底烤透，全程需35~40分钟。

以上戚风蛋糕的烘烤模式，是从蛋糕"成形"后，才将烤温调降（只降上火，下火不变）；以此类推，也可试着不同的烤温掌控，首先还是中温170~180℃烘烤，是该上、下火一致的温度，还是上、下火不同的温度，都可试试看；烤约10分钟后，当面糊表面成干爽状且轻微上色时，就开始降温，续烤至熟，较早降温的话，所花费的烘烤时间也会延长。

如果家中的烤箱没有上、下火功能，则以平均温度烘烤，多多观察面糊上色的状态，适时地调整温度。

活用烤温，才能掌控烤箱，学会善用自家的烤箱吧！

温度高低的参考

高温→约190℃以上
中温→160~180℃
低温→约150℃以下
请掌握自家烤箱的特性，以设定烤箱的温度。

烤模

本书中的"戚风蛋糕"所使用的烤模尺寸

◆ 直径20厘米中空圆模

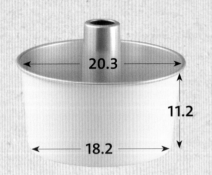

20.3
11.2
18.2

◆ 直径15厘米中空圆模

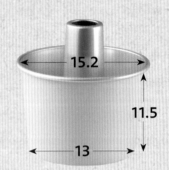

15.2
11.5
13

材料换算

直径20厘米中空圆模 × 0.55 = 直径15厘米中空圆模

材料	直径20厘米	直径15厘米
蛋黄	90克	50克
盐	1/8小匙	比 1/8小匙略少些
鲜奶	75克	41克
液体油	40克	22克
低筋面粉	90克	50克
蛋白	190克	105克
细砂糖	100克	55克

◎ 以上是以戚风蛋糕的基本用料来换算"直径20厘米"及"直径15厘米"烤模的用料，其他戚风蛋糕的用料也是以同样比例换算。

常见的失败戚风蛋糕

◎边缘内缩

主因：通常是烘烤不足，内部组织湿度过高，水分仍未烤干。

改善方法：将烤箱温度稍微提高，并延长烘烤时间。

◎底部内凹

主因：蛋糕体的底部内凹，形成大洞，是因蛋黄面糊出现油水分离现象，受热时，有不稳定的膨胀状态。

改善方法：油和液体材料经加热后，倒入蛋黄糊内，速度不要太快，要多加搅拌，以确保乳化效果；另外在拌入面粉时，必须拌匀。

◎有粗糙孔洞

主因：拌和后的面糊，内部气泡消失，质地过稀，则蛋糕体内部的组织孔洞会过大，缺乏细致度及柔软度。

改善方法：注意蛋白霜的打发程度，与蛋黄面糊拌和时，手法要快速且轻巧；另外也要注意，蛋黄糊必须乳化均匀。

食材对面糊的影响

面糊中的各式"配料"，往往因为湿度或酸碱度的属性，而"干扰"面糊受热的膨胀效果，就像湿度高的蔬果，如南瓜丁、草莓、蓝莓等，无法与面糊黏在一起，在烘烤过程中，有可能会"脱离"面糊组织，形成大大小小的孔洞。

另外，酸涩食材，如柠檬汁及咖啡，也会让蛋黄中的蛋白质凝结，而影响油水乳化的效果；严重的话，会让面糊在烘烤中无法稳定地膨胀，最后内部组织就会形成非常大的孔洞。

解决方式

湿度高的配料，尽量切小，或是裹上薄薄的一层面粉，有助于与面糊的黏合度。

酸涩食材的拌和顺序，尽量与面粉交替拌入蛋黄内，也可改善乳化效果。

常用调味品

香橙酒

　　书中食谱频繁使用香橙酒（Grand Marnier）调味，如无法取得时，也可用君度橙酒（Cointreau）或朗姆酒（Rum）代替。

柠檬皮屑

　　柠檬皮屑（可用香橙皮屑代替）很适合用于戚风蛋糕的调味，注意只要刮下柠檬表皮即可，别刮到内层白色部分，以免口感苦涩。

品尝与保存

　　清爽可口的戚风蛋糕，除了直接食用外，建议搭配打发的动物性淡奶油一起品尝，更能增添风味，或是依个人喜好，佐以各式果酱。

　　戚风蛋糕的含水量较高，与其他蛋糕体相比，其质地特别柔软湿润，因此，蛋糕冷却后，应当密封冷藏放置，最佳赏味期限为3~4天。

香草戚风蛋糕

参见DVD示范

可视为戚风蛋糕的基本款。

材料

① 蛋黄 90克、盐 1/8小匙
② 鲜奶 70克、香草荚 1/2根、液体油 40克
③ 低筋面粉 90克
④ 蛋白 190克、细砂糖 100克

直径20厘米中空圆模1个

准备

1 材料②的液体油及鲜奶称在同一容器内，香草荚剖开取籽，一并加入隔水加热。
2 低筋面粉过筛。
3 烤箱设定上、下火约170℃，提前预热。

●烤箱预热时机及预热温度，请看P.18的说明。

做法

制作蛋黄面糊→参照P.10说明

1 材料❶的蛋黄加入盐，用打蛋器搅打均匀备用。

2 材料❷隔水加热（准备1），边加热边搅动一下。

3 做法2的液体加热至约35℃，趁热慢慢地倒入做法1的蛋黄糊内（边倒边搅）。

4 倒入已过筛的低筋面粉，用打蛋器以不规则方向搅拌均匀，制成细致的香草面糊。

制作蛋白霜→参照P.11说明

5 用电动搅拌机将蛋白搅打至粗泡状后，分3次加入细砂糖，并持续搅打至出现明显纹路，呈小弯勾的打发状态。

●最后再以慢速搅打约1分钟，制成细致滑顺的蛋白霜。

蛋黄面糊＋蛋白霜→参照P.12说明

6 取约1/3分量的蛋白霜，加入做法4的香草面糊内，轻轻地拌匀，再刮入剩余的蛋白霜内，从容器底部刮起搅匀，制成细致的面糊。

烘烤→参照P.13说明

8 将烤模放入已预热的烤箱中，以上、下火约180℃烤20~25分钟，再将上火降低10~20℃，续烤10~15分钟。

面糊入模→参照P.12说明

7 用橡皮刮刀将面糊刮入烤模内，并将面糊表面轻轻地来回抹平。

黑芝麻戚风蛋糕

面糊内加了黑芝麻粉和黑芝麻粒，香气加倍，香浓可口。

 材料

① 蛋黄 90克、盐 1/8小匙
② 鲜奶 80克、无盐黄油 55克
③ 低筋面粉 90克、黑芝麻粉 40克
④ 蛋白 200克、细砂糖 110克
⑤ 熟的黑芝麻粒 25克

 准备

1 材料②的鲜奶及无盐黄油称在同一容器内，准备隔水加热。
2 低筋面粉过筛。
3 烤箱设定上、下火约170℃，提前预热。

● 烤箱预热时机及预热温度，请看P.18的说明。

 直径20厘米中空圆模1个

🥄 做法

制作蛋黄面糊→参照P.10说明

1 材料❶的蛋黄加入盐,用打蛋器搅打均匀备用。

2 材料❷隔水加热(准备1),边加热边搅动,温度约35℃,当黄油快要全部融化前,即离开热水(参照P.17说明)。

3 将做法2的加热液体搅一搅,趁热慢慢地倒入做法1的蛋黄糊内(边倒边搅)。

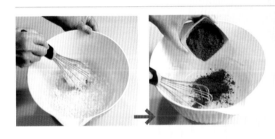

制作蛋白霜→参照P.11说明

4 先倒入已过筛的低筋面粉约1/2的分量,用打蛋器搅匀后,再倒入黑芝麻粉约1/2的分量搅匀,再继续倒入剩余的面粉及黑芝麻粉,以不规则方向搅成均匀的黑芝麻面糊。
●将面粉及黑芝麻粉交替地加入蛋黄糊内,较易搅匀。

5 用电动搅拌机将蛋白搅打至粗泡状后,分3次加入细砂糖,并持续搅打至出现明显纹路,呈小弯勾的打发状态。
●最后再以慢速搅打约1分钟,制成细致滑顺的蛋白霜。

蛋黄面糊＋蛋白霜→参照P.12说明

6 取约1/3分量的蛋白霜,加入做法4的黑芝麻面糊内,轻轻地拌匀,再刮入剩余的蛋白霜内,从容器底部刮起搅匀,制成细致的面糊。

烘烤→参照P.13说明

9 将烤模放入已预热的烤箱中,以上、下火约180℃烤20~25分钟,再将上火降低10~20℃,续烤10~15分钟。

面糊入模→参照P.12说明

7 最后将熟的黑芝麻粒倒入面糊内,轻轻地搅匀。

8 用橡皮刮刀将面糊刮入烤模内,并将面糊表面轻轻地来回抹平。

蓝莓戚风蛋糕

新鲜的"蓝莓泥"与"乳酸饮料"当成蛋糕体的水分来源，味道相当不错。

 材料

❶ 新鲜蓝莓 85克、
养乐多（市售的乳酸饮料）30克

❷ 液体油 40克

❸ 蛋黄 90克、盐 1/8小匙

❹ 低筋面粉 90克

❺ 蛋白190克、细砂糖95克

准备

1 新鲜蓝莓加养乐多，用均质机（或料理机）打成泥状备用。

2 低筋面粉过筛。

3 烤箱设定上、下火约170℃，提前预热。

●烤箱预热时机及预热温度，请看P.18的说明。

直径20厘米中空圆模1个

做法

制作蛋黄面糊→参照P.10说明

1 材料❸的蛋黄加入盐，用打蛋器搅打均匀备用。

2 将蓝莓泥（准备1）加液体油先搅匀再隔水加热（约35℃），趁热先将蓝莓泥（含液体油）约1/3的分量慢慢地倒入做法1的蛋黄糊内（边倒边搅）。

●蓝莓泥加入液体油时，会呈现坨状，只要用小汤匙不停地转圈搅动，就会混匀。

制作蛋白霜→参照P.11说明

3 接着倒入已过筛的低筋面粉约1/3的分量，用打蛋器以不规则方向搅匀，继续再分2次分别倒入蓝莓泥（含液体油）及面粉，搅成均匀的蓝莓面糊。

●蓝莓泥与面粉分3次交替倒入蛋黄糊内，较易搅匀乳化。

4 用电动搅拌机将蛋白搅打至粗泡状后，分3次加入细砂糖，并持续搅打至出现明显纹路，呈小弯勾的打发状态。

●最后再以慢速搅打约1分钟，制成细致滑顺的蛋白霜。

蛋黄面糊 + 蛋白霜→参照P.12说明

5 取约1/3分量的蛋白霜，倒入做法3的蓝莓面糊内，轻轻地拌匀，再刮入剩余的蛋白霜内，从容器底部刮起搅匀，制成细致的面糊。

烘烤→参照P.13说明

7 将烤模放入已预热的烤箱中，以上、下火约180℃烤20~25分钟，再将上火降低10~20℃，续烤10~15分钟。

●湿度高的面糊，要确实烤透，以免影响成品外形。

面糊入模→参照P.12说明

6 用橡皮刮刀将面糊刮入烤模内，并将面糊表面轻轻地来回抹平。

香橙椰子戚风蛋糕

这款戚风蛋糕，无论风味还是色泽均佳。

 材料

① 蛋黄 90克、盐 1/8小匙
② 香橙汁 70克（纯果汁，不含颗粒）、
　 液体油 40克、香橙皮屑 5克（约 $1\frac{1}{2}$ 个）
③ 低筋面粉 90克、椰子粉 15克
④ 蛋白 190克、细砂糖 90克

　　直径20厘米中空圆模1个

准备

1 材料②的香橙汁及液体油称在同一容器
　内，准备隔水加热。
2 低筋面粉过筛。
3 烤箱设定上、下火约170℃，提前预热。

● 烤箱预热时机及预热温度，请看P.18的说明。

![whisk icon] 做法

制作蛋黄面糊→参照P.10说明

1 材料❶的蛋黄加入盐，用打蛋器搅打均匀备用。

2 材料❷隔水加热（准备1），并加入香橙皮屑，边加热边搅动，加热至约35℃，趁热慢慢地倒入做法1的蛋黄糊内（边倒边搅）。

3 倒入已过筛的低筋面粉，用打蛋器以不规则方向搅拌均匀，制成细致的香橙面糊。

制作蛋白霜→参照P.11说明

5 用电动搅拌机将蛋白搅打至粗泡状后，分3次加入细砂糖，并持续搅打至出现明显纹路，呈小弯勾的打发状态。

● 最后再以慢速搅打约1分钟，制成细致滑顺的蛋白霜。

4 接着倒入椰子粉，搅拌均匀。

蛋黄面糊＋蛋白霜→参照P.12说明

6 取约1/3分量的蛋白霜，倒入做法4的香橙面糊内，轻轻地拌匀，再刮入剩余的蛋白霜内，从容器底部刮起搅匀，制成细致的面糊。

烘烤→参照P.13说明

8 将烤模放入已预热的烤箱中，以上、下火约180℃烤20~25分钟，再将上火降低10~20℃，续烤10~15分钟。

面糊入模→参照P.12说明

7 用橡皮刮刀将面糊刮入烤模内，并将面糊表面轻轻地来回抹平。

香蕉戚风蛋糕

用熟透软烂的香蕉来制作，较能突显口感风味。

 材料

① 香蕉 110克（去皮后）、香橙酒1小匙

② 蛋黄 110克、盐 1/4小匙

③ 鲜奶 55克、液体油 45克

④ 低筋面粉 145克

⑤ 蛋白 210克、细砂糖 110克

 准备

1 材料③的鲜奶及液体油称在同一容器内，准备隔水加热。

2 低筋面粉过筛。

3 烤箱设定上、下火约170℃，提前预热。

● 烤箱预热时机及预热温度，请看P.18的说明。

直径15厘米中空圆模2个

做法

制作蛋黄面糊→参照P.10说明

1 香蕉切成小块后，用叉
子压成泥状，再加香橙
酒搅匀备用。

●压香蕉泥时，可保留一些
颗粒，以增添口感风味。

2 材料❷的蛋黄加入盐，
用打蛋器搅打均匀备
用。

制作蛋白霜→参照P.11说明

3 材料❸隔水加热（准备
1），边加热边搅动一
下，加热至约35℃，趁
热慢慢地倒入做法2的蛋
黄糊内（边倒边搅）。

4 接着倒入香蕉泥（含香
橙酒），搅拌均匀。

5 倒入已过筛的低筋面
粉，用打蛋器以不规则
方向搅拌均匀，制成细
致的香蕉面糊。

6 用电动搅拌机将蛋白搅
打至粗泡状后，分3次加
入细砂糖，并持续搅打
至出现明显纹路，呈小
弯勾的打发状态。

●最后再以慢速搅打约1
分钟，制成细致滑顺的
蛋白霜。

蛋黄面糊＋蛋白霜→参照P.12说明

7 取约1/3分量的蛋白霜，倒入做法5的香蕉面糊内，轻
轻地拌匀，再刮入剩余的蛋白霜内，从容器底部刮起
搅匀，制成细致的面糊。

面糊入模→参照P.12说明

8 用橡皮刮刀将面糊刮入2个烤模内，并将面糊表面轻
轻地来回抹平。

●面糊入模时，最好称重均分。

烘烤→参照P.13说明

9 将烤模放入已预热的烤箱中，以上、下火约180℃烤
20~25分钟，再将上火降低10~20℃，续烤10~15分钟。

33

可可戚风蛋糕

可可口味的戚风蛋糕，以"香橙酒"增香提味，是不可省略的"调味料"。

材料

❶ 无糖可可粉 25克、热水 85克

❷ 香橙酒 10克、液体油 35克

❸ 蛋黄 90克、盐 1/8小匙

❹ 低筋面粉 85克

❺ 蛋白 190克、细砂糖 110克
巧克力酱→
苦甜巧克力 120克、鲜奶 120克、无盐黄油 40克

●必须选用富含可可脂的苦甜巧克力。

准备

1 无糖可可粉加热水调匀备用。

2 低筋面粉过筛备用。

3 烤箱设定上、下火约170℃，提前预热。

●烤箱预热时机及预热温度，请看P.18的说明。

直径20厘米中空圆模1个

做法

制作蛋黄面糊→参照P.10说明

1 材料❸的蛋黄加入盐，用打蛋器搅打均匀备用。

2 将调好的可可糊（准备1）趁热加入香橙酒及液体油，用小汤匙搅匀，取约1/3的分量倒入做法1的蛋黄糊内（边倒边搅）。

● 以高脂可可粉制作，香气浓郁，口感特别好；但制作面糊时，却容易消泡，因此必须掌握拌和方式。

3 接着再倒入已过筛的低筋面粉约1/3的分量，用打蛋器以不规则方向搅匀，继续分2次分别倒入剩余的可可糊及面粉，搅成均匀的可可面糊。

● 可可糊与面粉分3次交替倒入蛋黄糊内，较易搅匀乳化。

制作蛋白霜→参照P.11说明

4 用电动搅拌机将蛋白搅打至粗泡状后，分3次加入细砂糖，并持续搅打至出现明显纹路，呈小弯勾的打发状态。

● 最后再以慢速搅打约1分钟，制成细致滑顺的蛋白霜。

蛋黄面糊＋蛋白霜→参照P.12说明

5 取约1/3分量的蛋白霜，倒入做法3的可可面糊内，轻轻地拌匀，再刮入剩余的蛋白霜内，从容器底部刮起搅匀，制成细致的面糊。

面糊入模→参照P.12说明

6 用橡皮刮刀将面糊刮入烤模内，并将面糊表面轻轻地来回抹平。

烘烤→参照P.13说明

7 将烤模放入已预热的烤箱中，以上、下火约180℃烤20~25分钟，再将上火降低10~20℃，续烤10~15分钟。

淋巧克力酱

8 苦甜巧克力加鲜奶隔水加热（边加热边搅动），巧克力完全融化前，即加入无盐黄油，搅拌至融化且具光泽度；巧克力酱冷却后淋在蛋糕体上，变稠后可用小抹刀划出痕迹（亦可省略淋巧克力酱的动作）。

红茶戚风蛋糕

淡淡的茶香，清新的好滋味。

 材料

❶ 伯爵红茶包2小包（约4克）、热水30克

❷ 蛋黄90克、盐1/8小匙

❸ 鲜奶40克、液体油40克

❹ 低筋面粉90克

❺ 蛋白190克、细砂糖100克

直径20厘米中空圆模1个

准备

1 材料❶的红茶包拆开取出碎茶叶，加热水搅匀备用。

2 材料❸的鲜奶及液体油称在同一容器内，准备隔水加热。

3 低筋面粉过筛。

4 烤箱设定上、下火约170℃，提前预热。

● 烤箱预热时机及预热温度，请看P.18的说明。

做法

制作蛋黄面糊→参照P.10说明

1 材料❷的蛋黄加入盐，用打蛋器搅打均匀备用。

2 材料❸隔水加热（准备2），边加热边搅动，加热至约35℃，趁热慢慢地倒入做法1的蛋黄糊内（边倒边搅）。

3 接着倒入红茶汁液和茶渣（准备1），搅拌均匀。

4 倒入已过筛的低筋面粉，用打蛋器以不规则方向搅拌均匀，制成细致的红茶面糊。

制作蛋白霜→参照P.11说明

5 用电动搅拌机将蛋白搅打至粗泡状后，分3次加入细砂糖，并持续搅打至出现明显纹路，呈小弯勾的打发状态。

● 最后再以慢速搅打约1分钟，制成细致滑顺的蛋白霜。

蛋黄面糊＋蛋白霜→参照P.12说明

6 取约1/3分量的蛋白霜，倒入做法4的红茶面糊内，轻轻地拌匀，再刮入剩余的蛋白霜内，从容器底部刮起搅匀，制成细致的面糊。

面糊入模→参照P.12说明

7 用橡皮刮刀将面糊刮入烤模内，并将面糊表面轻轻地来回抹平。

烘烤→参照P.13说明

8 将烤模放入已预热的烤箱中，以上、下火约180℃烤20~25分钟，再将上火降低10~20℃，续烤10~15分钟。

综合坚果戚风蛋糕

随心所欲搭配多样坚果，耐人寻味的口感。

 材料

❶ 蛋黄 90克、盐 1/8小匙

❷ 鲜奶 80克、液体油 40克

❸ 低筋面粉 90克、杏仁粉 20克、综合坚果 60克（综合坚果含杏仁豆、腰果、核桃、开心果等，可依个人喜好选用搭配）

❹ 蛋白 190克、细砂糖 100克

 直径20厘米中空圆模1个

准备

1 材料❷的鲜奶及液体油称在同一容器内，准备隔水加热。

2 材料❸的杏仁粉用上、下火约150℃烤约10分钟成金黄色，冷却备用。

3 材料❸的综合坚果用上、下火约150℃烤熟，再切成小粒备用（烤10~15分钟）。

4 低筋面粉过筛。

5 烤箱设定上、下火约170℃，提前预热。

●烤箱预热时机及预热温度，请看P.18的说明。

🥄 做法

制作蛋黄面糊→参照P.10说明

1 材料❶的蛋黄加入盐，用打蛋器搅打均匀备用。

2 将材料❷隔水加热（准备1），边加热边搅动，加热至约35℃，趁热慢慢倒入做法1的蛋黄糊内（边倒边搅）。

3 倒入已过筛的低筋面粉，用打蛋器以不规则方向搅拌均匀，制成细致的蛋黄面糊。

4 接着倒入烤过的杏仁粉，搅成均匀细致的杏仁面糊。

制作蛋白霜→参照P.11说明

5 用电动搅拌机将蛋白搅打至粗泡状后，分3次加入细砂糖，并持续搅打至出现明显纹路，呈小弯勾的打发状态。

● 最后再以慢速搅打约1分钟，制成细致滑顺的蛋白霜。

蛋黄面糊＋蛋白霜→参照P.12说明

6 取约1/3分量的蛋白霜，倒入做法4的杏仁面糊内，轻轻地拌匀，再刮入剩余的蛋白霜内，从容器底部刮起搅匀，制成细致的面糊。

面糊入模→参照P.12说明

7 用橡皮刮刀将面糊约1/2的分量刮入烤模内，稍微抹平后，先倒入一半的综合坚果，轻轻地摊开。

烘烤→参照P.13说明

9 将烤模放入已预热的烤箱中，以上、下火约180℃烤20~25分钟，再将上火降低10~20℃，续烤10~15分钟。

8 再刮入剩余的面糊并倒入剩余的坚果，用橡皮刮刀在面糊表面轻轻地来回抹平。

● 综合坚果的分量较多，因此分两次与面糊交替入模，较能平均分布于面糊中。

奶酪戚风蛋糕

面糊内含两种奶酪，有助于口感的湿润度。

 材料

❶ 奶油奶酪50克、车达奶酪1片（约18克）、鲜奶85克、无盐黄油40克

❷ 蛋黄 100克、盐 1/8小匙、柠檬皮屑 约1克（约1小匙）

❸ 低筋面粉 90克

❹ 蛋白 200克、细砂糖 110克

 准备

1 先称取材料❶的两种奶酪，放在室温下回软备用。

2 低筋面粉过筛。

3 烤箱设定上、下火约170℃，提前预热。

● 烤箱预热时机及预热温度，请看P.18的说明。

 直径20厘米中空圆模1个

做法

制作蛋黄面糊→参照P.10说明

1 材料❶的两种奶酪加入鲜奶约25克（剩余的60克备用），隔水加热软化，加热时用橡皮刮刀压软成泥状。

2 用细筛网将做法1的奶酪压成更细的糊状。
●筛完后，注意筛网内外残留的奶酪糊都要刮干净。

3 再将材料❶剩余的鲜奶（60克）及无盐黄油一起倒入做法2的奶酪糊内，再隔水加热将黄油融化（加热至约35℃）。

4 材料❷的蛋黄加入盐，用打蛋器搅打均匀备用。

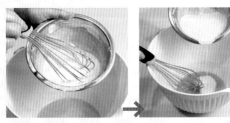  

5 将做法3的奶酪糊用打蛋器搅匀，再倒入做法4的蛋黄糊内（边倒边搅）。

6 接着加入柠檬皮屑，搅拌均匀。

7 倒入已过筛的低筋面粉，用打蛋器以不规则方向搅拌均匀，制成细致的奶酪面糊。

制作蛋白霜→参照P.11说明

8 用电动搅拌机将蛋白搅打至粗泡状后，分3次加入细砂糖，并持续搅打至出现明显纹路，呈小弯勾的打发状态。
●最后再以慢速搅打约1分钟，制成细致而滑顺的蛋白霜。

蛋黄面糊＋蛋白霜→参照P.12说明

9 取约1/3分量的蛋白霜，倒入做法7的奶酪面糊内，轻轻地拌匀，再刮入剩余的蛋白霜内，从容器底部刮起搅匀，制成细致的面糊。

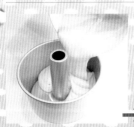 

烘烤→参照P.13说明

11 将烤模放入已预热的烤箱中，以上、下火约180℃烤20~25分钟，再将上火降低10~20℃，续烤10~15分钟。

面糊入模→参照P.12说明

10 用橡皮刮刀将面糊刮入烤模内，并将面糊表面轻轻地来回抹平。

柠檬戚风蛋糕

清香爽口的柠檬，肯定是戚风蛋糕的绝佳素材。

 材料

❶ 蛋黄 90克、盐 1/8小匙、细砂糖 20克

❷ 低筋面粉 90克

❸ 柠檬汁 20克（纯柠檬汁，不含果粒）、冷开水 45克、柠檬皮屑 2克（约2小匙）、液体油 45克

●量匙称取方式：用刨皮刀刮下柠檬皮屑，放入量匙内，请放平。→

❹ 蛋白190克、细砂糖95克

柠檬糖霜→

柠檬汁 25克、糖粉 100克（过筛后）

 准备

1 低筋面粉过筛。

2 材料❸的柠檬汁加冷开水、柠檬皮屑及液体油称在同一容器内，准备隔水加热。

3 烤箱设定上、下火约170℃，提前预热。

●烤箱预热时机及预热温度，请看P.18的说明。

直径20厘米中空圆模1个

🥄 做法

制作蛋黄面糊→参照P.10说明

1 材料❶的蛋黄加入盐及细砂糖，用打蛋器搅打至细砂糖融化备用。

2 将材料❸隔水加热（准备2），边加热边搅动一下，加热至约35℃，趁热先将约1/3的分量慢慢地倒入做法1的蛋黄糊内（边倒边搅），接着倒入已过筛的低筋面粉约1/3的分量搅匀，再分2次分别倒入面粉及柠檬汁（含液体油），用打蛋器以不规则方向搅成均匀的柠檬面糊。

● 柠檬汁与面粉分3次交替倒入蛋黄糊内，较易搅匀乳化。

制作蛋白霜→参照P.11说明

3 用电动搅拌机将蛋白搅打至粗泡状后，分3次加入细砂糖，并持续搅打至出现明显纹路，呈小弯勾的打发状态。

● 最后再以慢速搅打约1分钟，制成细致滑顺的蛋白霜。

蛋黄面糊＋蛋白霜→参照P.12说明

4 取约1/3分量的蛋白霜，倒入做法2的柠檬面糊内，轻轻地拌匀，再刮入剩余的蛋白霜内，从容器底部刮起搅匀，制成细致的面糊。

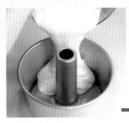

面糊入模→参照P.12说明

5 用橡皮刮刀将面糊刮入烤模内，并将面糊表面轻轻地来回抹平。

烘烤→参照P.13说明

6 将烤模放入已预热的烤箱中，以上、下火约180℃烤20~25分钟，再将上火降低10~20℃，续烤10~15分钟。

淋柠檬糖霜

7 柠檬汁加糖粉用小汤匙搅匀，持续搅到糖粉完全融化且具光泽度；依个人喜好淋在蛋糕体上，最后可另外撒些柠檬皮屑装饰。

● 也可省略淋柠檬糖霜的步骤。

樱花虾戚风蛋糕

烤脆的樱花虾，给这款蛋糕带来难以想象的"鲜味"。

材料

❶ 樱花虾 15克、白芝麻 15克、杏仁粉 20克

❷ 蛋黄 90克、盐 1/8小匙

❸ 清水 60克、朗姆酒 10克、液体油 40克

❹ 低筋面粉 90克

❺ 蛋白 190克、细砂糖 95克

准备

1 用上、下火约150℃将樱花虾烤脆后再捏碎，白芝麻及杏仁粉烤成金黄色备用（约烤10分钟）。

2 材料❸的清水、朗姆酒及液体油称在同一容器内，准备隔水加热。

3 低筋面粉过筛。

4 烤箱设定上、下火约170℃，提前预热。

● 烤箱预热时机及预热温度，请看P.18的说明。

直径20厘米中空圆模1个

44

做法

制作蛋黄面糊→参照P.10说明

1 材料❷的蛋黄加入盐，用打蛋器搅打均匀备用。

2 材料❸隔水加热（准备2），边加热边搅动一下，加热至约35℃，趁热慢慢地倒入做法1的蛋黄糊内（边倒边搅）。

3 倒入已过筛的低筋面粉，用打蛋器以不规则方向搅拌均匀，制成细致的蛋黄面糊。

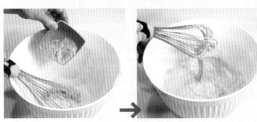

4 接着倒入杏仁粉，搅成均匀的杏仁面糊。

制作蛋白霜→参照P.11说明

5 用电动搅拌机将蛋白搅打至粗泡状后，分3次加入细砂糖，并持续搅打至出现明显纹路，呈小弯勾的打发状态。

● 最后再以慢速搅打约1分钟，制成细致滑顺的蛋白霜。

蛋黄面糊＋蛋白霜→参照P.12说明

6 取约1/3分量的蛋白霜，倒入做法4的杏仁面糊内，轻轻地拌匀，再刮入剩余的蛋白霜内，从容器底部刮起搅匀，制成细致的面糊。

7 接着倒入樱花虾及白芝麻（先混合），轻轻地拌匀。

● 白芝麻装入塑料袋内，用擀面杖碾碎，更能释放出香气。

面糊入模→参照P.12说明

8 用橡皮刮刀将面糊刮入烤模内，并将面糊表面轻轻地来回抹平。

烘烤→参照P.13说明

9 将烤模放入已预热的烤箱中，以上、下火约180℃烤20~25分钟，再将上火降低10~20℃，续烤10~15分钟。

杏仁片戚风蛋糕

烤过的杏仁粉加杏仁片拌入面糊中，香气加倍，增添口感好滋味。

 材料

① 杏仁片 35克、杏仁粉 20克
② 蛋黄 90克、盐 1/8小匙
③ 炼奶 50克、冷开水 45克、液体油 40克
④ 低筋面粉 90克
⑤ 蛋白 190克、细砂糖 100克

直径20厘米中空圆模1个

准备

1 杏仁粉及杏仁片（用手捏碎）分别用上、下火约150℃烤约10分钟成金黄色，冷却备用。

2 材料③的炼奶加冷开水先调匀，再与液体油称在同一容器内，准备隔水加热。

3 低筋面粉过筛。

4 烤箱设定上、下火约170℃，提前预热。

●烤箱预热时机及预热温度，请看P.18的说明。

做法

制作蛋黄面糊→参照P.10说明

1 材料②的蛋黄加入盐，用打蛋器搅打均匀备用。

2 材料③隔水加热（准备2），边加热边搅动一下，加热至约35℃，趁热慢慢地倒入做法1的蛋黄糊内（边倒边搅）。

3 倒入已过筛的低筋面粉，用打蛋器以不规则方向搅拌均匀，制成细致的蛋黄面糊。

4 接着倒入杏仁粉，搅成均匀的杏仁面糊。

制作蛋白霜→参照P.11说明

5 用电动搅拌机将蛋白搅打至粗泡状后，分3次加入细砂糖，并持续搅打至出现明显纹路，呈小弯勾的打发状态。

●最后再以慢速搅打约1分钟，制成细致滑顺的蛋白霜。

蛋黄面糊＋蛋白霜→参照P.12说明

6 取约1/3分量的蛋白霜，倒入做法4的杏仁面糊内，轻轻地拌匀，再刮入剩余的蛋白霜内，从容器底部刮起搅匀，制成细致的面糊。

烘烤→参照P.13说明

9 将烤模放入已预热的烤
箱中,以上、下火约
180℃烤20~25分钟,再
将上火降低10~20℃,续
烤10~15分钟。

面糊入模→参照P.12说明

7 最后拌入杏仁片,轻轻
地搅拌均匀。

8 用橡皮刮刀将面糊刮入烤模内,并将面糊表面轻轻地
来回抹平。

芋丝椰奶戚风蛋糕

绵软的芋头加上椰奶的香气，搭配出完美的味道。

 材料

① 芋头 65克（去皮后）

② 蛋黄 90克、盐 1/8小匙

③ 椰奶 85克、液体油 40克

④ 低筋面粉 90克

⑤ 蛋白 190克、细砂糖 100克

 准备

1 芋头切成长约1厘米的细条状。

2 材料③的椰奶及液体油称在同一容器内，准备隔水加热。

3 低筋面粉过筛。

4 烤箱设定上、下火约170℃，提前预热。

●烤箱预热时机及预热温度，请看P.18的说明。

 直径20厘米中空圆模1个

做法

1 芋头切成细条状，蒸约5分钟，八九分熟即可。

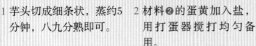

制作蛋黄面糊→参照P.10说明

2 材料❷的蛋黄加入盐，用打蛋器搅打均匀备用。

3 材料❸隔水加热（准备2），边加热边搅动一下，加热至约35℃，趁热慢慢地倒入做法2的蛋黄糊内（边倒边搅）。

4 倒入已过筛的低筋面粉，用打蛋器以不规则方向搅拌均匀，制成细致的椰奶面糊。

制作蛋白霜→参照P.11说明

5 用电动搅拌机将蛋白搅打至粗泡状后，分3次加入细砂糖，并持续搅打至出现明显纹路，呈小弯勾的打发状态。

● 最后再以慢速搅打约1分钟，制成细致滑顺的蛋白霜。

蛋黄面糊＋蛋白霜→参照P.12说明

6 取约1/3分量的蛋白霜，加入做法4的椰奶面糊内，轻轻地拌和均匀，再刮入剩余的蛋白霜内，轻轻地从容器底部刮起搅匀，制成细致的面糊。最后加入做法1的芋头丝，轻轻地搅拌均匀。

面糊入模→参照P.12说明

7 用橡皮刮刀将面糊刮入烤模内，并将面糊表面轻轻地来回抹平。

烘烤→参照P.13说明

8 将烤模放入已预热的烤箱中，以上、下火约180℃烤20~25分钟，再将上火降低10~20℃，续烤10~15分钟。

朗姆葡萄戚风蛋糕

切碎的葡萄干加朗姆酒，更能释放香甜气味。

材料

❶ 葡萄干 40克、朗姆酒 30克

❷ 蛋黄 90克、盐 1/8小匙

❸ 香橙汁 45克（纯果汁，不含果粒）、液体油 40克

❹ 低筋面粉 90克

❺ 蛋白 190克、细砂糖 90克

直径20厘米中空圆模1个

准备

1 材料❶的葡萄干切碎，加朗姆酒浸泡约30分钟。

2 材料❸的香橙汁及液体油称在同一容器内，准备隔水加热。

3 低筋面粉过筛。

4 烤箱设定上、下火约170℃，提前预热。

●烤箱预热时机及预热温度，请看P.18的说明。

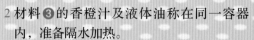

做法

制作蛋黄面糊→参照P.10说明

1 材料❷的蛋黄加入盐，用打蛋器搅打均匀备用。

2 材料❸隔水加热（准备2），边加热边搅动一下，加热至约35℃。

3 接着倒入准备1的葡萄干（连同朗姆酒），搅拌均匀。

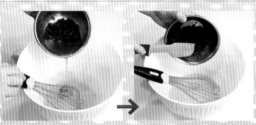  

4 做法3的液体趁热慢慢地倒入做法1的蛋黄糊内（边倒边搅）。
● 先倒入液体，葡萄干待面粉搅匀后再拌入。

5 倒入已过筛的低筋面粉，用打蛋器以不规则方向搅拌均匀，制成细致的香橙面糊。

6 接着倒入葡萄干，搅拌均匀。

制作蛋白霜→参照P.11说明

7 用电动搅拌机将蛋白搅打至粗泡状后，分3次加入细砂糖，并持续搅打至出现明显纹路，呈小弯勾的打发状态。
● 最后再以慢速搅约1分钟，制成细致滑顺的蛋白霜。

蛋黄面糊＋蛋白霜→参照P.12说明

8 取约1/3分量的蛋白霜，倒入做法6的香橙面糊内，轻轻地拌匀，再刮入剩余的蛋白霜内，从容器底部刮起搅匀，制成细致的面糊。

面糊入模→参照P.12说明

9 用橡皮刮刀将面糊刮入烤模内，并将面糊表面轻轻地来回抹平。

烘烤→参照P.13说明

10 将烤模放入已预热的烤箱中，以上、下火约180℃烤20~25分钟，再将上火降低10~20℃，续烤10~15分钟。

三色戚风蛋糕

多色组合的面糊变化，在于视觉效果，也考验制作的速度。

材料

❶ 蛋黄 100克、盐 1/8小匙

❷ 鲜奶 80克、液体油 45克

❸ 低筋面粉 100克

❹ 红曲粉 1小匙、抹茶粉 1小匙

❺ 蛋白 210克、细砂糖 115克

直径20厘米中空圆模1个

准备

1 材料❷的鲜奶及液体油称在同一容器内，准备隔水加热。

2 低筋面粉过筛。

3 烤箱设定上、下火约170℃，提前预热。

● 烤箱预热时机及预热温度，请看P.18的说明。

🥄 做法

制作蛋黄面糊→参照P.10说明

1 材料❶的蛋黄加入盐，用打蛋器搅打均匀备用。

2 材料❷隔水加热（准备1），边加热边搅动一下，加热至约35℃，趁热慢慢地倒入做法1的蛋黄糊内（边倒边搅）。

3 倒入已过筛的低筋面粉，用打蛋器以不规则方向搅成细致的蛋黄面糊，再取出面糊约100克，共2份。

4 再将做法3的2份面糊分别加入抹茶粉及红曲粉，调成绿、红色的面糊。

制作蛋白霜→参照P.11说明

5 用电动搅拌机将蛋白搅打至粗泡状后，分3次加入细砂糖，并持续搅打至出现明显纹路，呈小弯勾的打发状态。

●最后再以慢速搅打约1分钟，制成细致滑顺的蛋白霜。

三色的蛋黄面糊＋蛋白霜→参照P.12说明

6 取2份各约100克的蛋白霜，分别倒入做法4的绿、红色面糊内，用橡皮刮刀轻轻地拌匀。

●蛋白霜分别与两色面糊拌和时，仍要分2次拌入蛋白霜。

7 将剩余的蛋白霜分2次倒入做法3剩余的蛋黄面糊内，用橡皮刮刀轻轻地拌匀（原色面糊）。

面糊入模→参照P.12说明

8 先将做法7的原色面糊约1/2的分量刮入烤模内，稍微抹平后，再分别刮入约1/2分量的绿、红色面糊（稍微抹平再刮入另一色面糊）。

9 继续重复做法8的动作，最后将面糊表面来回抹匀即可。

烘烤→参照P.13说明

10 将烤模放入已预热的烤箱中，以上、下火约180℃烤20~25分钟，再将上火降低10~20℃，续烤10~15分钟。

抹茶红豆戚风蛋糕

抹茶加红豆，熟悉的好滋味。

 材料

❶ 抹茶粉 10克、热水 65克、无盐黄油 45克
❷ 蛋黄 95克、盐 1/8小匙
❸ 低筋面粉 90克
❹ 蛋白 190克、细砂糖 100克
❺ 蜜红豆 65克

 准备

1 低筋面粉过筛。
2 烤箱设定上、下火约170℃，提前预热。

●烤箱预热时机及预热温度，请看P.18的说明。

直径20厘米中空圆模1个

做法

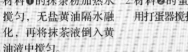

制作蛋黄面糊→参照P.10说明

1 材料❶的抹茶粉加热水搅匀，无盐黄油隔水融化，再将抹茶液倒入黄油液中搅匀。

●融合后的抹茶奶油保持微温状态备用。

2 材料❷的蛋黄加入盐，用打蛋器搅打均匀备用。

3 做法1的抹茶奶油趁微温时，慢慢地倒入做法2的蛋黄糊内（边倒边搅）。

4 倒入已过筛的低筋面粉，用打蛋器以不规则方向搅拌均匀，制成细致的抹茶面糊。

制作蛋白霜→参照P.11说明

5 用电动搅拌机将蛋白搅打至粗泡状后，分3次加入细砂糖，并持续搅打至出现明显纹路，呈小弯勾的打发状态。

●最后再以慢速搅打约1分钟，制成细致滑顺的蛋白霜。

蛋黄面糊 + 蛋白霜→参照P.12说明

6 取约1/3分量的蛋白霜，倒入做法4的抹茶面糊内，轻
　轻地拌匀，再刮入剩余的蛋白霜内，从容器底部刮起
　搅匀，制成细致的面糊。

烘烤→参照P.13说明

9 将烤模放入已预热的烤
　箱中，以上、下火约
　180℃烤20~25分钟，再
　将上火降低10~20℃，续
　烤10~15分钟。

面糊入模→参照P.12说明

7 接着倒入蜜红豆，用橡皮
　刮刀稍微拌一下即可。

●也可将蜜红豆在面糊入
　模后再倒入，用橡皮刮
　刀轻轻地拌一下即可。

8 用橡皮刮刀将面糊刮入
　烤模内，并将面糊表面
　轻轻地来回抹平。

百香果酸奶戚风蛋糕

百香果浓郁的香气与天然的色泽，是蛋糕体绝佳的"添加物"。

 材料

① 蛋黄 90克、盐 1/8小匙

② 百香果汁 60克（纯果汁，不含籽）、液体油 40克

③ 原味酸奶 45克、低筋面粉 95克
（原味酸奶：呈固态状，称取时，尽量去除水分）————→

④ 蛋白 190克、细砂糖 100克

 直径20厘米中空圆模1个

 准备

1 材料②的百香果用汤匙将果肉在筛网上压出果汁，再与液体油称在一起，准备隔水加热。

2 低筋面粉过筛。

3 烤箱设定上、下火约180℃，提前预热。

● 烤箱预热时机及预热温度，请看P.18的说明。

🥄 做法

制作蛋黄面糊→参照P.10说明

1 材料❶的蛋黄加入盐，用打蛋器搅打均匀备用。

2 材料❷隔水加热（准备1），边加热边搅动一下，加热至约35℃，趁热慢慢地倒入做法1的蛋黄糊内（边倒边搅）。

3 接着倒入原味酸奶，搅拌均匀。

制作蛋白霜→参照P.11说明

4 倒入已过筛的低筋面粉，用打蛋器以不规则方向搅拌均匀，制成细致的百香果面糊。

5 用电动搅拌机将蛋白搅打至粗泡状后，分3次加入细砂糖，并持续搅打至出现明显纹路，呈小弯勾的打发状态。

●最后再以慢速搅打约1分钟，制成细致滑顺的蛋白霜。

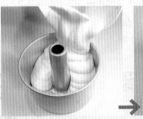

蛋黄面糊＋蛋白霜→参照P.12说明

6 取约1/3分量的蛋白霜，倒入做法4的百香果面糊内，轻轻地拌匀，再刮入剩余的蛋白霜内，从容器底部刮起搅匀，制成细致的面糊。

面糊入模→参照P.12说明

7 用橡皮刮刀将面糊刮入烤模内，并将面糊表面轻轻地来回抹平。

烘烤→参照P.13说明

8 将烤模放入已预热的烤箱中，以上、下火约180℃烤20~25分钟，再将上火降低10~20℃，续烤10~15分钟。

黑啤酒戚风蛋糕

黑啤酒内含酵素，有助于蛋糕组织的柔软度。

 材料

① 蛋黄 90 克、盐 1/8 小匙
② 黑啤酒 80 克、液体油 40 克
③ 低筋面粉 90 克
④ 蛋白 190 克、细砂糖 100 克
⑤ 开心果仁 35 克

 准备

1. 材料⑤的开心果仁用上、下火约150℃烤约
   10分钟，冷却后切碎备用。
2. 低筋面粉过筛。
3. 烤箱设定上、下火约170℃，提前预热。

● 烤箱预热时机及预热温度，请看P.18的说明。

直径20厘米中空圆模1个

做法

制作蛋黄面糊→参照P.10说明

1 材料❶的蛋黄加入盐，用打蛋器搅打均匀备用。

2 黑啤酒用小火加热，稍微沸腾即熄火（加热后的黑啤酒约为70克）。
● 将黑啤酒加热去除酒精及涩味，留下麦香味。

3 加热后的黑啤酒与液体油混合，呈现微温状态，慢慢地倒入做法1的蛋黄糊内（边倒边搅）。

4 倒入已过筛的低筋面粉，用打蛋器以不规则方向搅拌均匀，制成细致的黑啤酒面糊。

制作蛋白霜→参照P.11说明

5 用电动搅拌机将蛋白搅打至粗泡状后，分3次加入细砂糖，并持续搅打至出现明显纹路，呈小弯勾的打发状态。
● 最后再以慢速搅约1分钟，制成细致滑顺的蛋白霜。

蛋黄面糊 + 蛋白霜P.12说明

6 取约1/3分量的蛋白霜，倒入做法4的黑啤酒面糊内，轻轻地拌匀，再刮入剩余的蛋白霜内，从容器底部刮起搅匀，制成细致的面糊。

7 接着倒入切碎的开心果仁，轻轻地拌和即可。

面糊入模→参照P.12说明

8 用橡皮刮刀将面糊刮入烤模内，并将面糊表面轻轻地来回抹平。

烘烤→参照P.13说明

9 将烤模放入已预热的烤箱中，以上、下火约180℃烤20~25分钟，再将上火降低10~20℃，续烤10~15分钟。

双色戚风蛋糕

颜色对比的素材，都可做成两色面糊，具有强烈的视觉效果。

材料

❶ 蛋黄 100克、盐 1/8小匙

❷ 鲜奶 60克、液体油 40克、香橙酒 2小匙

❸ 低筋面粉 100克

❹ 苦甜巧克力 45克

●必须选用富含可可脂的苦甜巧克力。

❺ 蛋白 200克、细砂糖 115克

准备

1 材料❷的鲜奶、液体油及香橙酒
　称在同一容器内，准备隔水加热。

2 苦甜巧克力隔水融化。　——▶

3 低筋面粉过筛。

4 烤箱设定上、下火约170℃，提前预热。

●烤箱预热时机及预热温度，请看P.18的说明。

直径20厘米中空圆模1个

制作蛋黄面糊→参照P.10说明

1 材料❶的蛋黄加入盐，用打蛋器搅打均匀备用。

2 材料❷隔水加热（准备1），边加热边搅动一下，加热至约35℃，趁热慢慢地倒入做法1的蛋黄糊内（边倒边搅）。

3 倒入已过筛的低筋面粉，用打蛋器以不规则方向搅拌均匀，制成细致的蛋黄面糊。

4 取做法3的面糊约100克加入融化的巧克力，搅拌均匀成黑色面糊备用。

制作蛋白霜→参照P.11说明

5 用电动搅拌机将蛋白搅打至粗泡状后，分3次加入细砂糖，并持续搅打至出现明显纹路，呈小弯勾的打发状态。

●最后再以慢速搅打约1分钟，制成细致滑顺的蛋白霜。

两色的蛋黄面糊＋蛋白霜→参照P.12说明

6 取约200克的蛋白霜，分2次倒入做法3的蛋黄面糊内，用橡皮刮刀轻轻地拌匀（从容器底部刮起搅匀），制成细致的白色面糊。

 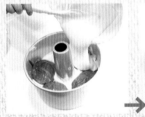

面糊入模→参照P.12说明

7 再将剩余的蛋白霜分2次拌入做法4的黑色面糊内，轻轻地拌匀。

8 用橡皮刮刀先将白色面糊约1/3的分量刮入烤模内，再用汤匙舀入约1/2分量的黑色面糊在白色面糊上。

9 再分别刮入白色及黑色面糊，再用筷子轻轻地搅动，最后用橡皮刮刀在面糊表面轻轻地稍微抹平即可。

●面糊全部入模后，用筷子或是刮刀轻轻地挑起，不要过度搅拌，才会显出两色分明的面糊。

烘烤→参照P.13说明

10 将烤模放入已预热的烤箱中，以上、下火约180℃烤20~25分钟，再将上火降低10~20℃，续烤10~15分钟。

肉桂咖啡戚风蛋糕

此款蛋糕以肉桂为"主味"，借由咖啡与核桃的香气，增添蛋糕丰富的口感。

 材料

❶ 碎核桃 40克

❷ 即溶咖啡粉1大匙（约4克）、热水60克、细砂糖15克

❸ 蛋黄 90克、盐 1/8小匙、液体油 40克

❹ 低筋面粉 90克、肉桂粉 2小匙（约4克）

❺ 蛋白 190克、细砂糖 95克

巧克力酱→

苦甜巧克力60克、鲜奶60克、无盐黄油20克

装饰→棉花糖适量

 直径20厘米中空圆模1个

准备

1 碎核桃用上、下火约150℃烤约10分钟，冷却备用。

2 即溶咖啡粉加热水及细砂糖调匀，成为咖啡液备用。

3 低筋面粉加肉桂粉一起过筛。

4 烤箱设定上、下火约170℃，提前预热。

●烤箱预热时机及预热温度，请看P.18的说明。

做法

制作蛋黄面糊→参照P.10说明

1 材料❸的蛋黄加入盐，用打蛋器搅打均匀备用。

2 将材料❸的液体油慢慢地倒入做法1的蛋黄糊内（边倒边搅）。

3 先将材料❹的低筋面粉（含肉桂粉）约1/2的分量倒入做法2的蛋黄糊内（先不要搅匀），再倒入咖啡混合液（准备2）约1/2的分量。

● 咖啡粉也属酸涩食材，易使蛋黄内的蛋白质凝结而影响乳化效果，因此与低筋面粉交替拌入。

4 继续倒入剩余的粉料及咖啡混合液，搅成均匀的肉桂咖啡面糊。

制作蛋白霜→参照P.11说明

5 用电动搅拌机将蛋白搅打至粗泡状后，分3次加入细砂糖，并持续搅打至出现明显纹路，呈小弯勾的打发状态。

● 最后再以慢速搅打约1分钟，制成细致滑顺的蛋白霜。

蛋黄面糊＋蛋白霜→参照P.12说明

6 取约1/3分量的蛋白霜，倒入做法4的肉桂咖啡面糊内，轻轻地拌匀，再刮入剩余的蛋白霜内，从容器底部刮起搅匀，制成细致的面糊。

面糊入模→参照P.12说明

7 用橡皮刮刀将面糊刮入烤模内。

8 将面糊表面稍微抹平，接着撒上碎核桃，再将面糊表面来回抹匀即可。

● 面糊全部刮入烤模内，可先不用抹平，撒完碎核桃后再用刮刀摊开抹平即可。

烘烤→参照P.13说明

9 将烤模放入已预热的烤箱中，以上、下火约180℃烤20~25分钟，再将上火降低10~20℃，续烤10~15分钟。

装饰

10 依P.35做法8制作巧克力酱，在蛋糕体上挤出线条，并放些适量的棉花糖装饰（也可省略此装饰）。

七味粉戚风蛋糕

尝试不同的辛香口味，其中的白芝麻，可让整体口感更加柔和顺口。

 材料

❶ 蛋黄 95克、盐 1/8小匙

❷ 鲜奶 70克、液体油 40克

❸ 低筋面粉 90克

❹ 七味粉 $1\frac{1}{4}$小匙、

熟的白芝麻粒 20克

●七味粉：除以辣椒为主外，另含6种辛香料，是日式料理的调味料，在一般超市有售。

❺ 蛋白 190克、细砂糖 100克

准备

1 材料❷的鲜奶及液体油称在同一容器内，准备隔水加热。

2 低筋面粉过筛。

3 烤箱设定上、下火约170℃，提前预热。

●烤箱预热时机及预热温度，请看P.18的说明。

 直径20厘米中空圆模1个

做法

制作蛋黄面糊→参照P.10说明

1 材料❶的蛋黄加入盐，用打蛋器搅打均匀备用。

2 材料❷隔水加热（准备1），边加热边搅动一下，加热至约35℃，趁热慢慢地倒入做法1的蛋黄糊内（边倒边搅）。

3 倒入已过筛的低筋面粉，用打蛋器以不规则方向搅拌均匀，制成细致的蛋黄面糊。

制作蛋白霜→参照P.11说明

5 用电动搅拌机将蛋白搅打至粗泡状后，分3次加入细砂糖，并持续搅打至出现明显纹路，呈小弯勾的打发状态。

● 最后再以慢速搅打约1分钟，制成细致滑顺的蛋白霜。

4 接着倒入七味粉及熟的白芝麻粒，搅拌均匀。

● 白芝麻装入塑料袋内，用擀面杖碾碎，更能释放出香气。

蛋黄面糊＋蛋白霜→参照P.12说明

6 取约1/3分量的蛋白霜，倒入做法4的蛋黄面糊内，轻轻地拌匀，再刮入剩余的蛋白霜内，从容器底部刮起搅匀，制成细致的面糊。

烘烤→参照P.13说明

8 将烤模放入已预热的烤箱中，以上、下火约180℃烤20~25分钟，再将上火降低10~20℃，续烤10~15分钟。

面糊入模→参照P.12说明

7 用橡皮刮刀将面糊刮入烤模内，并将面糊表面轻轻地来回抹平。

番茄酱戚风蛋糕

番茄酱是做蛋糕的好素材，增色提味效果佳。

 材料

❶ 蛋黄 110克、盐 1/4小匙

❷ 鲜奶 70克、液体油 40克

❸ 番茄酱 50克、
　 蔓越莓干（切碎）30克 →

❹ 低筋面粉 100克

❺ 蛋白 210克、细砂糖 120克

 准备

1 材料❷的鲜奶及液体油称在同一容器内，
　 准备隔水加热。

2 低筋面粉过筛。

3 烤箱设定上、下火约170℃，提前预热。

● 烤箱预热时机及预热温度，请看P.18的说明。

直径15厘米中空圆模2个

 做法

制作蛋黄面糊→参照P.10说明

1 材料❶的蛋黄加入盐，用
　 打蛋器搅打均匀备用。

2 材料❷隔水加热（准备
　 1），边加热边搅动一
　 下，加热至约35℃，趁
　 热慢慢倒入做法1的蛋黄
　 糊内（边倒边搅）。

3 接着倒入番茄酱，搅拌均匀。

4 倒入已过筛的低筋面粉，用打蛋器以不规则方向搅拌
　 均匀，制成细致的番茄面糊。

制作蛋白霜→参照P.11说明

5 用电动搅拌机将蛋白搅
　 打至粗泡状后，分3次加
　 入细砂糖，并持续搅打
　 至出现明显纹路，呈小
　 弯勾的打发状态。

● 最后再以慢速搅打约1
　 分钟，制成细致滑顺的
　 蛋白霜。

蛋黄面糊＋蛋白霜→参照P.12说明

6 取约1/3分量的蛋白霜，倒入做法4的番茄面糊内，轻轻地拌匀，再刮入剩余的蛋白霜内，从容器底部刮起搅匀，制成细致的面糊。

7 将蔓越莓干倒入面糊内，用橡皮刮刀轻轻地拌匀。

面糊入模→参照P.12说明

烘烤→参照P.13说明

8 用橡皮刮刀将面糊刮入2个烤模内，并将面糊表面轻轻地来回抹平。
●面糊入模时，最好称重均分。

9 将烤模放入已预热的烤箱中，以上、下火约180℃烤20~25分钟，再将上火降低10~20℃，续烤10~15分钟。

胡萝卜橙汁戚风蛋糕

胡萝卜当成蛋糕体配料，并以橙汁及橙皮调味，口感不再单调。

 材料

❶ 胡萝卜 60克（去皮后）、香橙皮屑 5克（约1个）

❷ 蛋黄 120克、盐 1/4小匙

❸ 香橙汁 60克（纯果汁，不含果粒）、无盐黄油 55克

❹ 低筋面粉 120克

❺ 蛋白 240克、细砂糖 135克

香橙糖浆→
香橙汁20克、糖粉80克、香橙皮屑约1小匙

 准备

1 用刨皮刀刮下香橙皮屑，橙皮的白色部分不要刮到，以免口感苦涩。——→

2 材料❸的香橙汁及无盐黄油称在同一容器内，准备隔水加热。

3 低筋面粉过筛。

4 烤箱设定上、下火约170℃，提前预热。

●烤箱预热时机及预热温度，请看P.18的说明。

直径15厘米中空圆模2个

🥄 做法

1 胡萝卜刨成细丝后再切碎，与香橙皮屑放在一起备用。

制作蛋黄面糊→参照P.10说明

2 材料❷的蛋黄加入盐，用打蛋器搅打均匀备用。

3 材料❸隔水加热（准备2），边加热边搅动一下，黄油在全部融化前，即可倒入做法1的胡萝卜。

4 边加热边用小汤匙搅匀，熄火后，利用余温将胡萝卜稍微软化一下。

5 做法4的液体微温时，即可慢慢地倒入做法2的蛋黄糊内（边倒边搅）。

6 倒入已过筛的低筋面粉，用打蛋器以不规则方向搅拌均匀，制成细致的胡萝卜面糊。

制作蛋白霜→参照P.11说明

7 用电动搅拌机将蛋白搅打至粗泡状后，分3次加入细砂糖，并持续搅打至出现明显纹路，呈小弯勾的打发状态。

● 最后再以慢速搅打约1分钟，制成细致滑顺的蛋白霜。

蛋黄面糊 + 蛋白霜→参照P.12说明

8 取约1/3分量的蛋白霜，倒入做法6的胡萝卜面糊内，轻轻地拌匀，再刮入剩余的蛋白霜内，从容器底部刮起搅匀，制成细致的面糊。

面糊入模→参照P.12说明

9 用橡皮刮刀将面糊刮入2个烤模内，并将面糊表面轻轻地来回抹平。

● 面糊入模时，最好称重均分。

烘烤→参照P.13说明

10 将烤模放入已预热的烤箱中，以上、下火约180℃烤20~25分钟，再将上火降低10~20℃，续烤10~15分钟。

淋香橙糖浆

11 香橙汁及糖粉用小汤匙搅到糖粉完全融化且具光泽度后，再拌入香橙皮屑，搅匀后，直接挤在蛋糕体上。

● 香橙糖浆可增添风味，除利用裱花袋之外，也可用汤匙舀在蛋糕体上；当然也可省略此步骤。

焦糖戚风蛋糕

成人风的焦香甜味，配上温润滑口的打发淡奶油，特别对味。

① 细砂糖 60克、水 20克、热水 35克

② 蛋黄 100克、盐 1/8小匙

③ 鲜奶 40克、液体油 40克

④ 低筋面粉 100克

⑤ 蛋白 200克、细砂糖 100克

抹面→
动物性淡奶油 200克、细砂糖 15克

装饰→无糖可可粉少许

1 材料③的鲜奶及液体油称在同一容器内，
  准备隔水加热。

2 低筋面粉过筛。

3 烤箱设定上、下火约170℃，提前预热。

● 烤箱预热时机及预热温度，请看P.18的说明。

直径20厘米中空圆模1个

制作蛋黄面糊→参照P.10说明

1 煮焦糖液：材料❶的细砂糖加水，用小火加热煮沸。

2 持续加热后，糖水由透明变成金黄色。
●加热时，如锅边有粘黏的糖块，可用汤匙（或木匙）刮下来，受热即会融化。

3 糖水液煮成褐色时即熄火，接着慢慢地倒入热水，倒完后再搅匀，即成稀的焦糖液（取60克备用）。

4 材料❷的蛋黄加入盐，用打蛋器搅打均匀，再倒入冷却后的焦糖液。

制作蛋白霜→参照P.11说明

7 用电动搅拌机将蛋白搅打至粗泡状后，分3次加入细砂糖，并持续搅打至出现明显纹路，呈小弯勾的打发状态。
●最后再以慢速搅打约1分钟，制成细致滑顺的蛋白霜。

5 材料❸隔水加热（准备1），边加热边搅动一下，加热至约35℃，趁热慢慢地倒入做法4的蛋黄糊内（边倒边搅）。

6 倒入已过筛的低筋面粉，用打蛋器以不规则方向搅拌均匀，制成细致的焦糖面糊。

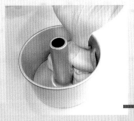

蛋黄面糊＋蛋白霜→参照P.12说明

8 取约1/3分量的蛋白霜，倒入做法6的焦糖面糊内，轻轻地拌匀，再刮入剩余的蛋白霜内，从容器底部刮起搅匀，制成细致的面糊。

面糊入模→参照P.12说明

9 用橡皮刮刀将面糊刮入烤模内，并将面糊表面轻轻地来回抹平。

烘烤→参照P.13说明

10 将烤模放入已预热的烤箱中，以上、下火约180℃烤20~25分钟，再将上火降低10~20℃，续烤10~15分钟。

抹面

11 将动物性淡奶油加细砂糖打发后，抹在蛋糕表面，最后筛些可可粉装饰。
●也可省略抹淡奶油。

苹果橙汁戚风蛋糕

天然的苹果加橙汁，味道并不明显，但仍表现出组织的柔软度。

 材料

① 蛋黄 90克、盐 1/8小匙
② 香橙汁 60克（纯果汁，不含果粒）、
   液体油 40克
③ 苹果 50克（去皮后）
④ 低筋面粉 100克
⑤ 蛋白 190克、细砂糖 95克

 准备

1 材料❷的香橙汁及液体油称在同一容器
  内，准备隔水加热。
2 低筋面粉过筛。
3 烤箱设定上、下火约170℃，提前预热。

●烤箱预热时机及预热温度，请看P.18的说明。

直径20厘米中空圆模1个

1 用磨泥器将苹果磨成泥状备用。

制作蛋黄面糊→参照P.10说明

2 材料❶的蛋黄加入盐，用打蛋器搅打均匀备用。

3 材料❷隔水加热（准备1），并加入苹果泥，边加热边搅动一下，加热至约35℃，趁热慢慢地倒入做法2的蛋黄糊内（边倒边搅）。

4 倒入已过筛的低筋面粉，用打蛋器以不规则方向搅拌均匀，制成细致的苹果橙汁面糊。

制作蛋白霜→参照P.11说明

5 用电动搅拌机将蛋白搅打至粗泡状后，分3次加入细砂糖，并持续搅打至出现明显纹路，呈小弯勾的打发状态。
● 最后再以慢速搅打约1分钟，制成细致滑顺的蛋白霜。

蛋黄面糊＋蛋白霜→参照P.12说明

6 取约1/3分量的蛋白霜，倒入做法4的苹果橙汁面糊内，轻轻地拌匀，再刮入剩余的蛋白霜内，从容器底部刮起搅匀，制成细致的面糊。

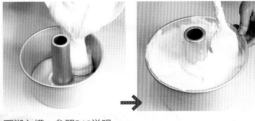

面糊入模→参照P.12说明

7 用橡皮刮刀将面糊刮入烤模内，并将面糊表面轻轻地来回抹平。

烘烤→参照P.13说明

8 将烤模放入已预热的烤箱中，以上、下火约180℃烤20~25分钟，再将上火降低10~20℃，续烤10~15分钟。

青酱戚风蛋糕

利用市售的"青酱"制作戚风蛋糕，方便又美味，烘烤时即散发浓郁香气。

 材料

❶ 蛋黄 90克、盐 1/8小匙
❷ 鲜奶 75克、
青酱（pesto市售的罐装产品）45克
❸ 低筋面粉 90克、杏仁粉 20克
❹ 蛋白 190克、细砂糖 100克

 直径20厘米中空圆模1个

准备

1 材料❷的鲜奶及青酱（用小汤匙将罐内的青酱搅匀，连同油脂称取）称在同一容器内，准备隔水加热。

2 材料❸的杏仁粉用上、下火约150℃烤10分钟成金黄色，冷却备用。

3 低筋面粉过筛。

4 烤箱设定上、下火约170℃，提前预热。

●烤箱预热时机及预热温度，请看P.18的说明。

做法

制作蛋黄面糊→参照P.10说明

1 材料❶的蛋黄加入盐，用打蛋器搅打均匀备用。

2 材料❷隔水加热（准备1），边加热边搅动一下，加热至约35℃。

3 加热后的鲜奶及青酱趁热慢慢地倒入做法1的蛋黄糊内（边倒边搅）。

4 倒入已过筛的低筋面粉，用打蛋器以不规则方向搅拌均匀，制成细致的蛋黄面糊。

5 接着倒入杏仁粉，搅成均匀的青酱杏仁面糊。

制作蛋白霜→参照P.11说明

6 用电动搅拌机将蛋白搅打至粗泡状后，分3次加入细砂糖，并持续搅打至出现明显纹路，呈小弯勾的打发状态。

●最后再以慢速搅打约1分钟，制成细致滑顺的蛋白霜。

蛋黄面糊＋蛋白霜→参照P.12说明

7 取约1/3分量的蛋白霜，倒入做法5的青酱杏仁面糊内，轻轻地拌匀，再刮入剩余的蛋白霜内，从容器底部刮起搅匀，制成细致的面糊。

面糊入模→参照P.12说明

8 用橡皮刮刀将面糊刮入烤模内，并将面糊表面轻轻地来回抹平。

烘烤→参照P.13说明

9 将烤模放入已预热的烤箱中，以上、下火约180℃烤20~25分钟，再将上火降低10~20℃，续烤10~15分钟。

姜泥杏桃戚风蛋糕

甜美的杏桃加橙汁，以姜泥调味，有意想不到的效果。

 材料

❶ 杏桃干（切碎）35克

❷ 蛋黄 100克、盐 1/4小匙

❸ 香橙汁 75克、液体油 40克

❹ 低筋面粉 100克、姜泥 1小匙

❺ 蛋白 210克、细砂糖 130克

 准备

1 材料❸的香橙汁及液体油称在同一容器
  内，准备隔水加热。

2 低筋面粉过筛。

3 烤箱设定上、下火约170℃，提前预热。

●烤箱预热时机及预热温度，请看P.18的说明。

 直径15厘米中空圆模2个

做法

制作蛋黄面糊→参照P.10说明

1 材料❷的蛋黄加入盐，用打蛋器搅打均匀备用。

2 材料❸隔水加热（准备1），边加热边搅动一下，加热至约35℃，趁热慢慢地倒入做法1的蛋黄糊内（边倒边搅）。

3 倒入已过筛的低筋面粉，用打蛋器以不规则方向搅拌均匀。

4 接着加入姜泥，搅拌均匀，制成细致的姜泥香橙面糊。

制作蛋白霜→参照P.11说明

5 用电动搅拌机将蛋白搅打至粗泡状后，分3次加入细砂糖，并持续搅打至出现明显纹路，呈小弯勾的打发状态。

● 最后再以慢速搅打约1分钟，制成细致滑顺的蛋白霜。

蛋黄面糊＋蛋白霜→参照P.12说明

6 取约1/3分量的蛋白霜，倒入做法4的姜泥香橙面糊内，轻轻地拌匀，再刮入剩余的蛋白霜内，从容器底部刮起搅匀，制成细致的面糊。

7 将切碎的杏桃干倒入面糊内，用橡皮刮刀轻轻地拌匀。

面糊入模→参照P.12说明

8 用橡皮刮刀将面糊刮入2个烤模内，并将面糊表面轻轻地来回抹平。

● 面糊入模时，最好称重均分。

烘烤→参照P.13说明

9 将烤模放入已预热的烤箱中，以上、下火约180℃烤20~25分钟，再将上火降低10~20℃，续烤10~15分钟。

蜂蜜杏仁戚风蛋糕

蜂蜜具上色效果，同时也让蛋糕体的保湿性增强。

 材料

① 蛋黄 90克、盐 1/8小匙
② 鲜奶 45克、蜂蜜 50克、液体油 40克
③ 低筋面粉 90克、杏仁粉 20克
④ 蛋白 190克、细砂糖 95克
⑤ 杏仁粒 50克

直径20厘米中空圆模1个

准备

1 材料②的鲜奶加蜂蜜搅匀，再与液体油称在同一容器内，准备隔水加热。

2 杏仁粉及杏仁粒分别用上、下火约150℃烤约10分钟成金黄色，冷却备用。

3 低筋面粉过筛。

4 烤箱设定上、下火约170℃，提前预热。

●烤箱预热时机及预热温度，请看P.18的说明。

🥢 做法

制作蛋黄面糊→参照P.10说明

1 材料❶的蛋黄加入盐，用打蛋器搅打均匀备用。

2 材料❷隔水加热（准备1），边加热边搅动一下，加热至约35℃，趁热慢慢地倒入做法1的蛋黄糊内（边倒边搅）。

3 倒入已过筛的低筋面粉，用打蛋器以不规则方向搅拌均匀，制成细致的蛋黄面糊。

4 接着倒入杏仁粉，搅拌均匀，制成细致的杏仁面糊。

制作蛋白霜→参照P.11说明

5 用电动搅拌机将蛋白搅打至粗泡状后，分3次加入细砂糖，并持续搅打至出现明显纹路，呈小弯勾的打发状态。

●最后再以慢速搅打约1分钟，制成细致滑顺的蛋白霜。

蛋黄面糊 + 蛋白霜→参照P.12说明

6 取约1/3分量的蛋白霜，倒入做法4的杏仁面糊内，轻轻地拌匀，再刮入剩余的蛋白霜内，从容器底部刮起搅匀，制成细致的面糊。

面糊入模→参照P.12说明

7 接着倒入杏仁粒，轻轻地搅拌均匀。

8 用橡皮刮刀将面糊刮入烤模内，并将面糊表面轻轻地来回抹平。

烘烤→参照P.13说明

9 将烤模放入已预热的烤箱中，以上、下火约180℃烤20~25分钟，再将上火降低10~20℃，续烤10~15分钟。

红糖戚风蛋糕

以红糖水当成面糊的水分来源，变化蛋糕体的色泽，口感也特别柔润。

- ❶ 红糖 60克（过筛后）、清水 70克、液体油 40克
- ❷ 蛋黄 100克、盐 1/8小匙
- ❸ 低筋面粉 90克
- ❹ 蛋白 190克、细砂糖 90克

1 材料❶的红糖及清水称在同一容器内，准备加热。
2 低筋面粉过筛。
3 烤箱设定上、下火约170℃，提前预热。
●烤箱预热时机及预热温度，请看P.18的说明。

直径20厘米中空圆模1个

做法

1 红糖加清水用小火加热，煮沸后续煮约1分钟即熄火。

● 加热时，必须适时地搅动一下。

制作蛋黄面糊→参照P.10说明

2 材料②的蛋黄加入盐，用打蛋器搅打均匀备用。

3 取做法1的红糖水70克加入液体油隔水加热，边加热边搅动一下，加热至约35℃，趁热慢慢地倒入做法2的蛋黄糊内（边倒边搅）。

4 倒入已过筛的低筋面粉，用打蛋器以不规则方向搅拌均匀，制成细致的红糖面糊。

制作蛋白霜→参照P.11说明

5 用电动搅拌机将蛋白搅打至粗泡状后，分3次加入细砂糖，并持续搅打至出现明显纹路，呈小弯勾的打发状态。

● 最后再以慢速搅打约1分钟，制成细致滑顺的蛋白霜。

蛋黄面糊＋蛋白霜→参照P.12说明

6 取约1/3分量的蛋白霜，倒入做法4的红糖面糊内，轻轻地拌匀，再刮入剩余的蛋白霜内，从容器底部刮起搅匀，制成细致的面糊。

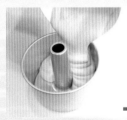

面糊入模→参照P.12说明

7 用橡皮刮刀将面糊刮入烤模内，并将面糊表面轻轻地来回抹平。

烘烤→参照P.13说明

8 将烤模放入已预热的烤箱中，以上、下火约180℃烤20~25分钟，再将上火降低10~20℃，续烤10~15分钟。

燕麦胚芽戚风蛋糕

燕麦加胚芽，讨好的养生食材，香气十足。

材料

1. 蛋黄 90克、盐 1/8小匙
2. 鲜奶 55克、液体油 40克
3. 即食燕麦片 15克、冷开水 25克
4. 低筋面粉 90克、小麦胚芽 15克
5. 蛋白 190克、细砂糖 110克

准备

1. 材料 **2** 的鲜奶及液体油称在同一容器内，准备隔水加热。
2. 低筋面粉过筛。
3. 烤箱设定上、下火约170℃，提前预热。

● 烤箱预热时机及预热温度，请看P.18的说明。

直径20厘米中空圆模1个

做法

制作蛋黄面糊→参照P.10说明

1 材料❶的蛋黄加入盐，用打蛋器搅打均匀备用。

2 材料❷隔水加热（准备1），边加热边搅动一下，加热至约35℃，趁热慢慢地倒入做法1的蛋黄糊内（边倒边搅）。

3 即食燕麦片加冷开水调匀后（不须静置软化），接着倒入做法2的蛋黄糊内。

4 倒入已过筛的低筋面粉，用打蛋器以不规则方向搅拌均匀，制成细致的面糊。

5 接着倒入小麦胚芽，搅拌成均匀的燕麦胚芽面糊。

制作蛋白霜→参照P.11说明

6 用电动搅拌机将蛋白搅打至粗泡状后，分3次加入细砂糖，并持续搅打至出现明显纹路，呈小弯勾的打发状态。

●最后再以慢速搅打约1分钟，制成细致滑顺的蛋白霜。

蛋黄面糊＋蛋白霜→参照P.12说明

7 取约1/3分量的蛋白霜，倒入做法的燕麦胚芽面糊内，轻轻地拌匀，再刮入剩余的蛋白霜内，从容器底部刮起搅匀，制成细致的面糊。

面糊入模→参照P.12说明

8 用橡皮刮刀将面糊刮入烤模内，并将面糊表面轻轻地来回抹平。

烘烤→参照P.13说明

将烤模放入已预热的烤箱中，以上、下火约180℃烤20~25分钟，再将上火降低10~20℃，续烤10~15分钟。

培根黑胡椒戚风蛋糕

煸炒过的培根加香甜的洋葱，咸香微甜好滋味。

 材料

① 培根 2片（约45克）、洋葱 50克、
　 黑胡椒粉 1/2小匙 + 1/4小匙、盐 1/8小匙
② 蛋黄 95克、盐 1/8小匙
③ 鲜奶 60克、液体油 25克
④ 低筋面粉 90克
⑤ 蛋白 190克、细砂糖 100克

 直径20厘米中空圆模1个

准备

1 材料①的培根切成长约
　 1厘米的细条状、洋葱
　 切成细末、黑胡椒粉及
　 盐放在一起备用。
2 材料③的鲜奶及液体油称在同一容器内，
　 准备隔水加热。
3 低筋面粉过筛。
4 烤箱设定上、下火约170℃，提前预热。
●烤箱预热时机及预热温度，请看P.18的说明。

做法

制作蛋黄面糊→参照P.10说明

1 炒锅加热后（锅内不用放油），用小火将培根炒香、炒干，接着倒入洋葱，炒软后即熄火。

2 盛出培根洋葱，再加入黑胡椒粉及盐搅匀备用。

3 材料❷的蛋黄加入盐，用打蛋器搅打均匀备用。

制作蛋白霜→参照P.11说明

4 材料❸隔水加热（准备2），边加热边搅动一下，加热至约35℃，趁热慢慢倒入做法3的蛋黄糊内（边倒边搅）。

5 倒入已过筛的低筋面粉，用打蛋器以不规则方向搅拌均匀，制成细致的蛋黄面糊。

6 再将做法2的材料倒入做法5的面糊内，搅拌均匀。

7 用电动搅拌机将蛋白搅打至粗泡状后，分3次加入细砂糖，并持续搅打至出现明显纹路，呈小弯勾的打发状态。

●最后再以慢速搅打约1分钟，制成细致滑顺的蛋白霜。

蛋黄面糊＋蛋白霜→参照P.12说明

8 取约1/3分量的蛋白霜，倒入做法6的面糊内，轻轻地拌匀，再刮入剩余的蛋白霜内，从容器底部刮起搅匀，制成细致的面糊。

面糊入模→参照P.12说明

9 用橡皮刮刀将面糊刮入烤模内，并将面糊表面轻轻地来回抹平。

烘烤→参照P.13说明

10 将烤模放入已预热的烤箱中，以上、下火约180℃烤20~25分钟，再将上火降低10~20℃，续烤10~15分钟。

玉米戚风蛋糕

玉米放入蛋糕中，咀嚼时会清甜无比，很讨好。

 材料

 准备

❶ 蛋黄 90克、盐 1/8小匙

❷ 罐头玉米酱 80克、冷开水 45克、无盐黄油 40克

❸ 低筋面粉 95克

❹ 蛋白 190克、细砂糖 100克

❺ 罐头玉米粒 35克

1 材料❷的玉米酱加冷开水搅匀，准备隔水加热。

2 无盐黄油称好放在室温下软化，低筋面粉过筛。

3 烤箱设定上、下火约170℃，提前预热。

● 烤箱预热时机及预热温度，请看 P.18 的说明。

 直径20厘米中空圆模1个

做法

制作蛋黄面糊→参照P.10说明

1 材料❶的蛋黄加入盐，用打蛋器搅打均匀备用。

2 材料❷的玉米酱加冷开水隔水加热，接着加入无盐黄油，边加热边搅动一下，加热至约35℃。

3 做法2的液体趁热慢慢地倒入做法1的蛋黄糊内（边倒边搅）。

4 倒入已过筛的低筋面粉，用打蛋器以不规则方向搅拌均匀，制成细致的玉米酱面糊。

制作蛋白霜→参照P.11说明

5 用电动搅拌机将蛋白搅打至粗泡状后，分3次加入细砂糖，并持续搅打至出现明显纹路，呈小弯勾的打发状态。

● 最后再以慢速搅打约1分钟，制成细致滑顺的蛋白霜。

蛋黄面糊＋蛋白霜→参照P.12说明

6 取约1/3分量的蛋白霜，倒入做法4的玉米酱面糊内，轻轻地拌匀，再刮入剩余的蛋白霜内，从容器底部刮起搅匀，制成细致的面糊。

面糊入模→参照P.12说明

7 接着倒入玉米粒，轻轻地搅匀。

● 事先将玉米粒用纸巾尽量擦干。

8 用橡皮刮刀将面糊刮入烤模内，并将面糊表面轻轻地来回抹平。

烘烤→参照P.13说明

9 将烤模放入已预热的烤箱中，以上、下火约180℃烤20~25分钟，再将上火降低10~20℃，续烤10~15分钟。

花生酱戚风蛋糕

选用带颗粒的花生酱制作，似有若无的脆感，增添品尝风味。

材料

1. 蛋黄 90克、盐 1/8小匙
2. 鲜奶 90克、颗粒花生酱 70克、液体油 20克
3. 低筋面粉 90克
4. 蛋白 190克、细砂糖 100克

准备

1. 材料❷的鲜奶加颗粒花生酱先搅匀，再与液体油称在同一容器内，准备隔水加热。
2. 低筋面粉过筛。
3. 烤箱设定上、下火约170℃，提前预热。

● 烤箱预热时机及预热温度，请看P.18的说明。

直径20厘米中空圆模1个

88

做法

制作蛋黄面糊→参照P.10说明

1. 材料❶的蛋黄加入盐，用打蛋器搅打均匀备用。

2. 材料❷隔水加热（准备1），边加热边搅动一下，加热至约35℃。

3. 做法2的液体趁热慢慢地倒入做法1的蛋黄糊内（边倒边搅）。

4. 倒入已过筛的低筋面粉，用打蛋器以不规则方向搅拌均匀，制成细致的花生酱面糊。

制作蛋白霜→参照P.11说明

5. 用电动搅拌机将蛋白搅打至粗泡状后，分3次加入细砂糖，并持续搅打至出现明显纹路，呈小弯勾的打发状态。

● 最后再以慢速搅打约1分钟，制成细致滑顺的蛋白霜。

蛋黄面糊＋蛋白霜→参照P.12说明

6. 取约1/3分量的蛋白霜，倒入做法4的花生酱面糊内，轻轻地拌匀，再刮入剩余的蛋白霜内，从容器底部刮起搅匀，制成细致的面糊。

面糊入模→参照P.12说明

7. 用橡皮刮刀将面糊刮入烤模内，并将面糊表面轻轻地来回抹平。

烘烤→参照P.13说明

8. 将烤模放入已预热的烤箱中，以上、下火约180℃烤20~25分钟，再将上火降低10~20℃，续烤10~15分钟。

酪梨戚风蛋糕

滋味淡雅的酪梨，以香橙酒提味，增添了蛋糕体的可口程度。

 材料

❶ 酪梨 80克（去皮后）、香橙酒 10克

❷ 蛋黄 90克、盐 1/8小匙

❸ 鲜奶 30克、液体油 40克

❹ 低筋面粉 90克

❺ 蛋白 190克、细砂糖 100克

抹面→

动物性淡奶油 200克、细砂糖 15克

装饰→酪梨果肉 少许

准备

1 材料❸的鲜奶及液体油称在同一容器内，准备隔水加热。

2 低筋面粉过筛。

3 烤箱设定上、下火约170℃，提前预热。

●烤箱预热时机及预热温度，请看P.18的说明。

 直径20厘米中空圆模1个

做法

制作蛋黄面糊→参照P.10说明

1 熟透的酪梨切小块，用细筛网压成泥状，净重约75克。
● 筛完后，注意筛网内外残留的酪梨泥都要刮干净。

2 酪梨泥加入香橙酒搅匀备用。

3 材料❷的蛋黄加入盐，用打蛋器搅打均匀备用。

4 材料❸隔水加热（准备1），边加热边搅动一下，加热至约35℃，趁热慢慢地倒入做法3的蛋黄糊内（边倒边搅）。

制作蛋白霜→参照P.11说明

5 接着倒入酪梨泥（含香橙酒），搅拌均匀。

6 倒入已过筛的低筋面粉，用打蛋器以不规则方向搅拌均匀，制成细致的酪梨面糊。

7 用电动搅拌机将蛋白搅打至粗泡状后，分3次加入细砂糖，并持续搅打至出现明显纹路，呈小弯勾的打发状态。
● 最后再以慢速搅打约1分钟，制成细致滑顺的蛋白霜。

蛋黄面糊＋蛋白霜→参照P.12说明

8 取约1/3分量的蛋白霜，加入做法6的酪梨面糊内，轻轻地拌和均匀，再刮入剩余的蛋白霜内，轻轻地从容器底部刮起搅匀，制成细致的面糊。

面糊入模→参照P.12说明

9 用橡皮刮刀将面糊刮入烤模内，并将面糊表面轻轻地来回抹平。

烘烤→参照P.13说明

10 将烤模放入已预热的烤箱中，以上、下火约180℃烤20~25分钟，再将上火降低10~20℃，续烤10~15分钟。

抹面

11 将动物性淡奶油加细砂糖打发后，抹在蛋糕表面，最后撒些酪梨丁装饰。
● 也可省略抹淡奶油。

炼奶养乐多戚风蛋糕

以不同的乳制品制作戚风蛋糕，感受食材变换的乐趣。

 材料

① 蛋黄 100克、盐 1/8小匙

② 炼奶 50克、养乐多（市售的乳酸饮料）
40克、液体油 40克

③ 低筋面粉 90克

④ 蛋白 200克、细砂糖 100克

 准备

1 低筋面粉过筛。

2 烤箱设定上、下火约170℃，提前预热。

● 烤箱预热时机及预热温度，请看P.18的说明。

直径20厘米中空圆模1个

 做法

制作蛋黄面糊→参照P.10说明

1 炼奶及养乐多一起搅匀备用。

2 材料①的蛋黄加入盐，用打蛋器搅打均匀备用。

3 材料②的液体油隔水加热，加热至约35℃，趁热慢慢地倒入做法2的蛋黄糊内（边倒边搅）。

制作蛋白霜→参照P.11说明

4 将做法1的炼奶及养乐多慢慢地倒入做法3的蛋黄糊内（边倒边搅）。

● 粘黏在容器上的炼奶必须尽量刮干净，以免损耗过多。

5 倒入已过筛的低筋面粉，用打蛋器以不规则方向搅拌均匀，制成细致的炼奶面糊。

6 用电动搅拌机将蛋白搅打至粗泡状后，分3次加入细砂糖，并持续搅打至出现明显纹路，呈小弯勾的打发状态。

● 最后再以慢速搅打约1分钟，制成细致滑顺的蛋白霜。

蛋黄面糊 + 蛋白霜→参照P.12说明

7 取约1/3分量的蛋白霜，加入做法5的炼奶面糊内，轻轻地拌和均匀，再刮入剩余的蛋白霜内，从容器底部刮起搅匀，制成细致的面糊。

面糊入模→参照P.12说明

8 用橡皮刮刀将面糊刮入烤模内，并将面糊表面轻轻地来回抹平。

烘烤→参照P.13说明

9 将烤模放入已预热的烤箱中，以上、下火约180℃烤20~25分钟，再将上火降低10~20℃，续烤10~15分钟。

豆腐戚风蛋糕

淡淡的豆香从蛋糕体中散发出来，冰镇过后更加美味。

 材料

① 豆腐 165克

② 蛋黄 90克、盐 1/8小匙

③ 液体油 40克

④ 低筋面粉 90克、无糖豆浆 15克

⑤ 蛋白 200克、细砂糖 110克

 准备

1 低筋面粉过筛。

2 烤箱设定上、下火约170℃，提前预热。

●烤箱预热时机及预热温度，请看P.18的说明。

直径20厘米中空圆模1个

做法

制作蛋黄面糊→参照P.10说明

1 用细筛网将豆腐压成泥状备用。
● 要选用传统的板豆腐制作，豆香味十足，风味佳。

2 材料❷的蛋黄加入盐，用打蛋器搅打均匀备用。

3 材料❸的液体油隔水加热，加热至约35℃，趁热慢慢地倒入做法2的蛋黄糊内（边倒边搅）。

4 将豆腐泥倒入做法3的蛋黄糊内搅匀。

制作蛋白霜→参照P.11说明

7 用电动搅拌机将蛋白搅打至粗泡状后，分3次加入细砂糖，并持续搅打至出现明显纹路，呈小弯勾的打发状态。
● 最后再以慢速搅打约1分钟，制成细致滑顺的蛋白霜。

5 倒入已过筛的低筋面粉，接着倒入豆浆，用打蛋器以不规则方向搅拌均匀。

6 拌匀后的豆腐面糊，是不会流动的浓稠质地。
● 豆腐含水量较多，为高温烘烤下的稳定性，刻意使面糊浓稠些。

 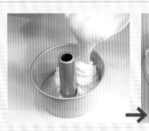

蛋黄面糊＋蛋白霜→参照P.12说明

8 取约1/3分量的蛋白霜，加入做法6的豆腐面糊内，轻轻地拌匀，再刮入剩余的蛋白霜内，从容器底部刮起搅匀，制成细致的面糊。

面糊入模→参照P.12说明

9 用橡皮刮刀将面糊刮入烤模内，并将面糊表面轻轻地来回抹平。

烘烤→参照P.13说明

10 将烤模放入已预热的烤箱中，以上、下火约180℃烤20~25分钟，再将上火降低10~20℃，续烤10~15分钟。

95

南瓜戚风蛋糕

鲜黄的南瓜拌入面糊中，增加了蛋糕的色泽和口感的柔软度。

 材料

❶ 南瓜 100克（去皮后）、香橙酒 10克

❷ 蛋黄 90克、盐 1/8小匙

❸ 鲜奶 65克、液体油 40克

❹ 低筋面粉 90克、杏仁粉 20克

❺ 蛋白 190克、细砂糖 100克

 直径20厘米中空圆模1个

准备

1 南瓜切成小丁状，分成两等分备用。

2 杏仁粉用上、下火约150℃烤约10分钟成金黄色，冷却备用。

3 材料❸的鲜奶及液体油称在同一容器内，准备隔水加热。

4 低筋面粉过筛。

5 烤箱设定上、下火约170℃，提前预热。

●烤箱预热时机及预热温度，请看P.18的说明。

做法

制作蛋黄面糊→参照P.10说明

1 南瓜切成丁状后蒸软，将一份的南瓜用叉子压成泥状，加香橙酒调匀，另一份南瓜丁备用。

2 材料❷的蛋黄加入盐，用打蛋器搅打均匀备用。

3 材料❸隔水加热（准备3），边加热边搅动一下，加热至约35℃，趁热慢慢地倒入做法2的蛋黄糊内（边倒边搅）。

4 接着倒入做法1的南瓜泥及烤过的杏仁粉，搅拌均匀。

制作蛋白霜→参照P.11说明　蛋黄面糊＋蛋白霜→参照P.12说明

5 倒入已过筛的低筋面粉，用打蛋器以不规则方向搅拌均匀，制成细致的南瓜面糊。

6 用电动搅拌机将蛋白搅打至粗泡状后，分3次加入细砂糖，并持续搅打至出现明显纹路，呈小弯勾的打发状态。
●最后再以慢速搅打约1分钟，制成细致滑顺的蛋白霜。

7 取约1/3分量的蛋白霜，倒入做法5的南瓜面糊内，用打蛋器（或橡皮刮刀）轻轻地拌匀，再刮入剩余的蛋白霜内，从容器底部刮起搅匀，制成细致的面糊。

烘烤→参照P.13说明

10 将烤模放入已预热的烤箱中，以上、下火约180℃烤20~25分钟，再将上火降低10~20℃，续烤10~15分钟。

面糊入模→参照P.12说明

8 将做法1的南瓜丁加1小匙的低筋面粉（材料外）搅匀，再倒入做法7的面糊内，轻轻地拌和。
●湿黏的南瓜丁裹上少许面粉，可防止在面糊内快速沉淀；也可省略面糊内加南瓜丁的动作。

9 用橡皮刮刀将面糊刮入烤模内，并将面糊表面轻轻地来回抹平。

斑兰戚风蛋糕

淡雅的香气及天然的浅绿色，绝非香精、色素可比拟的味道。

 材料

❶ 斑兰汁 75克（请看做法1）

❷ 蛋黄 80克、盐 1/8小匙

❸ 液体油 40克

❹ 低筋面粉 90克

❺ 蛋白 190克、细砂糖 100克

 准备

1 低筋面粉过筛。

2 烤箱设定上、下火约170℃，提前预热。

● 烤箱预热时机及预热温度，请看P.18的说明。

 直径20厘米中空圆模1个

🥄 做法

制作蛋黄面糊→参照P.10说明

1 斑兰汁制作：斑兰叶（约50克）洗净剪成小段，加清水（约100克），用均质机（或料理机）搅碎，挤干碎渣后，取出汁液75克备用。

2 材料❷的蛋黄加入盐，用打蛋器搅打均匀备用。

3 材料❸的液体油隔水加热，加热至约35℃，趁热慢慢地倒入做法2的蛋黄糊内（边倒边搅）。

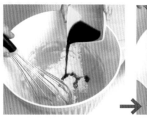

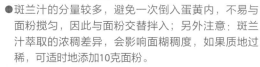

制作蛋白霜→参照P.11说明

4 倒入已过筛的低筋面粉约1/2的分量，接着倒入斑兰汁约1/2的分量，搅拌均匀。

5 再倒入剩余的面粉及斑兰汁，用打蛋器以不规则方向搅成均匀细致的斑兰面糊。
●斑兰汁的分量较多，避免一次倒入蛋黄内，不易与面粉搅匀，因此与面粉交替拌入；另外注意：斑兰汁萃取的浓稠差异，会影响面糊稠度，如果质地过稀，可适时地添加10克面粉。

6 用电动搅拌机将蛋白搅打至粗泡状后，分3次加入细砂糖，并持续搅打至出现明显纹路，呈小弯勾的打发状态。
●最后再以慢速搅打约1分钟，制成细致滑顺的蛋白霜。

蛋黄面糊＋蛋白霜→参照P.12说明

7 取约1/3分量的蛋白霜，倒入做法5的斑兰面糊内，轻轻地拌匀，再刮入剩余的蛋白霜内，从容器底部刮起搅匀，制成细致的面糊。

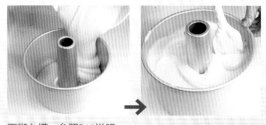

面糊入模→参照P.12说明

8 用橡皮刮刀将面糊刮入烤模内，并将面糊表面轻轻地来回抹平。

烘烤→参照P.13说明

9 将烤模放入已预热的烤箱中，以上、下火约180℃烤20~25分钟，再将上火降低10~20℃，续烤10~15分钟。

核桃末戚风蛋糕

捣碎后的核桃，香味特别浓郁，而蛋白霜中的红糖，也具增色效果。

 材料

① 核桃 35克

② 蛋黄 90克、盐 1/8小匙

③ 鲜奶 70克、液体油 35克

④ 低筋面粉 90克

⑤ 蛋白 190克、红糖 30克（过筛后）、细砂糖 70克

直径20厘米中空圆模1个

 准备

1 核桃先用上、下火约150℃烤10~15分钟，烤熟备用。

2 材料③的鲜奶及液体油称在同一容器内，准备隔水加热。

3 材料⑤的红糖及细砂糖称在同一容器内，搅匀备用。→

4 低筋面粉过筛。

5 烤箱设定上、下火约170℃，提前预热。

● 烤箱预热时机及预热温度，请看P.18的说明。

 做法

1 烤熟的核桃装入塑料袋内，用擀面杖轻轻地敲碎（如芝麻大小的颗粒状）。

● 也可用石臼轻轻地捣碎，但无论用何种方式，都不可用力，以免因核桃的油脂渗出，而影响制作。

制作蛋黄面糊→参照P.10说明

2 材料②的蛋黄加入盐，用打蛋器搅打均匀备用。

3 材料③隔水加热（准备2），边加热边搅动一下，加热至约35℃，趁热慢慢地倒入做法2的蛋黄糊内（边倒边搅）。

制作蛋白霜→参照P.11说明

5 用电动搅拌机将蛋白搅打至粗泡状后，分3次加入细砂糖（与红糖混合），并持续搅打至出现明显纹路，呈弯勾的打发状态。

4 接着倒入核桃末，搅拌均匀后，倒入已过筛的低筋面粉，用打蛋器以不规则方向搅拌均匀，制成细致的核桃面糊。

● 利用桌上型搅拌机，搅打至蛋白霜呈大弯勾状即可。部分的细砂糖以红糖取代，以增色提味。

蛋黄面糊 + 蛋白霜→参照P.12说明

6 取约1/3分量的蛋白霜，倒入做法4的核桃面糊内，轻
  轻地拌匀，再刮入剩余的蛋白霜内，从容器底部刮起
  搅匀，制成细致的面糊。

● 蛋黄面糊与1/2分量的蛋白霜拌匀后，其色泽与剩余
  的红糖蛋白霜相近，要注意搅匀。

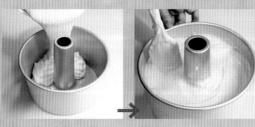

烘烤→参照P.13说明

8 将烤模放入已预热的烤
  箱中，以上、下火约
  180℃烤20~25分钟，再
  将上火降低10~20℃，续
  烤10~15分钟。

面糊入模→参照P.12说明

7 用橡皮刮刀将面糊刮入烤模内，并将面糊表面轻轻地
  来回抹平。

黄豆粉戚风蛋糕

淡淡的豆香在口中慢慢散开，是非常值得一试的"加味"蛋糕。

材料

准备

① 蛋黄 90克、盐 1/8小匙

② 鲜奶 90克、液体油 45克

③ 低筋面粉 90克、黄豆粉 30克

④ 蛋白 190克、细砂糖 115克

⑤ 熟的白芝麻粒 25克

1 材料②的鲜奶及液体油称在同一容器内，准备隔水加热。

2 低筋面粉过筛。

3 烤箱设定上、下火约170℃，提前预热。

●烤箱预热时机及预热温度，请看P.18的说明。

直径20厘米中空圆模1个

做法

制作蛋黄面糊→参照P.10说明

1 材料❶的蛋黄加入盐，用打蛋器搅打均匀备用。

2 材料❷隔水加热（准备1），边加热边搅动一下，加热至约35℃，趁热慢慢地倒入做法1的蛋黄糊内（边倒边搅）。

3 倒入已过筛的低筋面粉，用打蛋器以不规则方向搅拌均匀，制成细致的蛋黄面糊。

4 接着倒入黄豆粉，搅成均匀的黄豆粉面糊。

制作蛋白霜→参照P.11说明

5 用电动搅拌机将蛋白搅打至粗泡状后，分3次加入细砂糖，并持续搅打至出现明显纹路，呈小弯勾的打发状态。

● 最后再以慢速搅打约1分钟，制成细致滑顺的蛋白霜。

蛋黄面糊＋蛋白霜→参照P.12说明

6 取约1/3分量的蛋白霜，倒入做法4的黄豆粉面糊内，轻轻地拌匀。

7 接着倒入熟的白芝麻粒，用橡皮刮刀轻轻地稍微搅一下。

8 再刮入剩余的蛋白霜内，从容器底部刮起搅匀，制成细致的面糊。

面糊入模→参照P.12说明

9 用橡皮刮刀将面糊刮入烤模内，并将面糊表面轻轻地来回抹平。

烘烤→参照P.13说明

10 将烤模放入已预热的烤箱中，以上、下火约180℃烤20~25分钟，再将上火降低10~20℃，续烤10~15分钟。

草莓戚风蛋糕

娇艳欲滴的新鲜草莓，肯定是糕点世界的主角，
即便是打成泥状放入蛋糕，已无任何姿色，甜美风味依旧存在。

 材料

1. 新鲜草莓 100克（去蒂后）、冷开水 20克、香橙酒 10克
2. 液体油 40克
3. 蛋黄 90克、盐 1/8小匙
4. 低筋面粉 90克
5. 蛋白 190克、细砂糖 95克

抹面→
动物性淡奶油 200克、细砂糖 15克
装饰→新鲜草莓 15颗

准备

1. 新鲜草莓洗干净后，用厨房纸巾擦干备用。——→
2. 低筋面粉过筛。
3. 烤箱设定上、下火约170℃，提前预热。

●烤箱预热时机及预热温度，请看P.18的说明。

直径20厘米中空圆模1个

🥄 做法

制作蛋黄面糊→参照P.10说明

1 草莓切小块加入冷开水及香橙酒，用均质机（或料理机）打成泥状备用。

2 材料❸的蛋黄加入盐，用打蛋器搅打均匀备用。

3 做法1的草莓泥加液体油先搅匀再隔水加热（约35℃），趁热将草莓泥（含液体油）约1/3的分量慢慢地倒入做法2的蛋黄糊内（边倒边搅）。

● 草莓泥加入液体油时，会呈现坨状，只要用小汤匙不停地转圈搅动，就会混匀。

制作蛋白霜→参照P.11说明

4 接着倒入已过筛的低筋面粉约1/3的分量，用打蛋器以不规则方向搅匀，继续再分2次分别倒入草莓泥（含液体油）及面粉，搅成均匀的草莓面糊。

● 草莓泥与面粉分3次交替倒入蛋黄糊内，较易搅匀乳化。

5 用电动搅拌机将蛋白搅打至粗泡状后，分3次加入细砂糖，并持续搅打至出现明显纹路，呈小弯勾的打发状态。

● 最后再以慢速打约1分钟，制成细致滑顺的蛋白霜。

 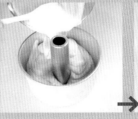

蛋黄面糊＋蛋白霜→参照P.12说明

6 取约1/3分量的蛋白霜，倒入做法4的草莓面糊内，轻轻地拌匀，再刮入剩余的蛋白霜内，从容器底部刮起搅匀，制成细致的面糊。

面糊入模→参照P.12说明

7 用橡皮刮刀将面糊刮入烤模内，并将面糊表面轻轻地来回抹平。

烘烤→参照P.13说明

8 将烤模放入已预热的烤箱中，以上、下火约180℃烤20~25分钟，再将上火降低10~20℃，续烤10~15分钟。

● 湿度高的面糊，要确实烤透，以免影响成品外形。

抹面

9 用动物性淡奶油加细砂糖打发后，抹在蛋糕表面，再放新鲜草莓装饰。

● 也可省略抹淡奶油。

PART 2
烫面法+水浴法
的戚风蛋糕

所谓"烫面"戚风蛋糕，顾名思义，就是面粉被烫熟后，所制成的戚风蛋糕；而烫面的意义，就是面粉与热油（或水分）混合，而达到"糊化"效果；与一般的戚风蛋糕相比，两者除了制作过程有些差异外，其熟制方式与口感也大不相同。糊化后的面粉，吸水性相对增高，筋性减弱，蛋糕质地更加细致湿润。

 制作流程

　　制作烫面戚风蛋糕，重点在于面粉糊化的动作，其他的制作过程与一般戚风蛋糕几乎相同，甚至蛋白霜的打发程度也一样；而最后的熟制方式，除了"直接干烤"外，也可利用"半蒸半烤"方式完成，成品最大特色，除了表面上色外，边缘及底部仍是"原色"。

step 1　准备工作
↓
确认烤模种类大小、烤模包铝箔纸、面粉过筛、烤箱预热

step 2　制作烫面糊
↓
面粉糊化、加液体材料

step 3　制作蛋白霜
↓
注意打发状态

step 4　烫面糊＋蛋白霜
↓
混合均匀

step 5　面糊入模
↓
尽快

step 6　隔水蒸烤
↓
多观察

step 7　蛋糕出炉
↓
不用倒扣

step 8　脱模
↓
降温数分钟后

step 1

↓

准备工作

● 确认烤模种类大
小、烤模包铝箔纸、
面粉过筛、烤箱预热

◎ 低筋面粉称好后，用细筛网过
筛。
◎ 烤箱提前预热（参照P.18 "烤
箱预热"的说明）。

◎ 烤模边缘抹油，烤模用铝箔纸
包好备用。

烤模边缘抹油

隔水蒸烤的生面糊，在烘烤中，受湿气影响，不会紧粘着烤模焦化上色，与直接干烤截然不同；因此隔水蒸烤的制品所用的烤模可抹油，成品脱模后，边缘即呈现光滑状；如省略抹油动作，当蛋糕体与烤模分离后，也可轻松地取出，但是蛋糕边缘的质地较不平滑。

烤模包铝箔纸

烫面戚风蛋糕也是以底部活动式的烤模来制作，因此在隔水蒸烤时，必须用2张铝箔纸将烤模底部包妥，以免在烘烤中，热水会从烤模的缝隙中渗入面糊内，而浸湿蛋糕体。

step 2

⬇

制作烫面糊

●注意面粉糊化

1

液体油入锅，开小火加热，油纹出现时即熄火，油温约85℃。
- 加热时，戴着隔热手套提起锅具轻轻地摇晃，使油温均匀。

2

快速倒入面粉，用打蛋器搅匀。
- 面粉倒入热油中，会瞬间发出类似油炸的声音。

3

持续用打蛋器不停地搅拌，直到降温（微温）且具光泽状。

4

面粉+热油：刚搅拌时，是较稠的团状，持续搅拌后，质地会变稀。

5

将材料中的鲜奶一次倒入做法4的面糊内，轻轻地搅成光滑细致的面糊。
- 搅匀即可，勿过度用力搅拌，以免拌入过多空气。

6

接着一次倒入蛋黄，轻轻地搅到光泽状。

7

蛋黄倒入面糊内，搅匀后成为光滑又具流性的面糊。

step **3**

⬇

制作蛋白霜

●注意打发状态

8 依P.11做法6~12将蛋白霜制作完成。
●蛋白霜的打发程度如一般戚风蛋糕的制作方式。

step **4**

⬇

烫面糊＋蛋白霜

●混合均匀

9 依P.12做法13~18将烫面糊与蛋白霜混合均匀。
●混合方式如一般戚风蛋糕的制作方式。

10 搅拌均匀的面糊，呈质地细致的乳霜状。

step 5

⬇

面糊入模

● 尽快

11 用橡皮刮刀将面糊刮入烤模内，并将面糊表面轻轻地抹平。

step 6

⬇

隔水蒸烤

● 多观察

12

将烤模放入已预热的烤箱中，在烤盘上注入冷水，以上火约180℃、下火约150℃蒸烤10~15分钟，表皮轻微上色后，再将上火降低10~20℃，续烤45~50分钟，关火后，续闷约5分钟后再取出蛋糕。

掌控烤温

以"半蒸半烤"熟制生面糊，也必须要求适当又稳定的温度，尤其是烫面制品，属高水量面糊，如烤温过高、热气猛烈，气体快速膨胀便会瞬间爆开；如果希望面糊缓慢膨胀，则必须注意烤箱下火的温度别过高，否则烤模底部面糊快速膨胀蹿升，就会在短时间内裂开。

食谱中的做法，是"上火大、下火小"方式烘烤，并从冷水起蒸，如此一来，先将面糊表面烤干，底部的面糊慢慢受热，较易掌控成品外观。事实上，蛋糕表面出现裂纹，是正常现象，并非失败品，只要内部组织具弹性，并分布均匀的细小孔洞，那么就不用在意表面的裂纹，当然，过度四分五裂的成品，也算瑕疵，必须将温度调低。

总之，无论用何种方式蒸烤，还是要多多掌控自家的烤箱温度，并活用不同的烤温。

隔水蒸烤的要点

　　装有生面糊的烤模，放在水上烘烤，即是"隔水蒸烤"（又称"水浴法"）。生面糊以"隔水蒸烤"或"直接干烤"熟制，两者受热焦化的程度截然不同；加水蒸烤，多了热腾腾的水汽，面糊的受热程度相对较弱，因此成品烤熟的时间也较长，隔水蒸烤时，要点如下：

●水量要足
开始烘烤时，水量要一次加足，应避免烘烤中加水，否则会影响烤温的稳定性；水量高度至少要到烤模底部高度约1厘米处。

●水不要沸腾
烘烤中，要随时留意烤盘上的热水，全程必须在稳定的受热状态，如有沸腾现象时，可直接倒入冷水或冰块迅速降温。

●避免开烤箱门
除非必要，否则在烘烤中尽可能不要打开烤箱的门，以避免热气散发，而影响正在膨胀的面糊。

> **直接干烤**
>
> 除上述"隔水蒸烤"之外，烫面戚风蛋糕如以"直接干烤"熟制时，烤模不可抹油，也不用铺纸，其面糊膨胀原理与一般戚风蛋糕相同。建议以上火约190℃、下火约160℃烤10~12分钟，当面糊表面烤干，且轻微上色时，则将上火降成150~160℃，续烤30~35分钟，将面糊完全烤透；烘烤时，同样必须多观察自家烤箱的特性，以设定适当温度。

↑ 不管成品表面裂与不裂，只要内部组织具弹性，口感细腻绵柔，就是正常品。

step 7

⬇

蛋糕出炉

●不用倒扣

隔水蒸烤的蛋糕，一旦离开烤箱的热气后，边缘便会渐渐地与烤模分离，与直接干烤的戚风蛋糕不同，因此可省略倒扣的动作；以免倒扣后，烤模内的蛋糕体会有脱落之虞。

边缘自动分离

step 8

⬇

脱模

●降温数分钟后

降温中的蛋糕体，会渐渐地缩回到面糊原有的高度，此时便可轻松地取出蛋糕体。

"烫面戚风蛋糕" 所使用的烤模尺寸

◆ 直径18厘米中空圆模

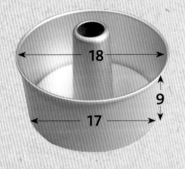

◆ 直径18厘米活动圆模

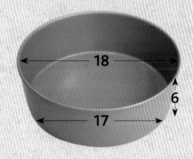

材料换算

直径18厘米中空圆模 × 0.9 = 直径18厘米活动圆模

材料	直径18厘米中空圆模	直径18厘米活动圆模
液体油	45克	40克
低筋面粉	70克	63克
鲜奶	70克	63克
蛋黄	75克	68克
蛋白	150克	135克
细砂糖	90克	81克

◎以上是以"烫面戚风蛋糕"的基本用料来换算"直径18厘米"圆烤模（中空与实心）的用料，其他烫面戚风蛋糕的用料也是以同样比例换算。

品尝与保存

　　与一般戚风蛋糕相比，"烫面戚风蛋糕"的湿润度更高，成品必须冷藏数小时后，其品尝风味较佳；同样，也要密封冷藏保存。

香草烫面戚风蛋糕

 参见DVD示范

 材料

❶ 低筋面粉 70克、液体油 45克

● 液体油：泛指一般植物性油脂

❷ 鲜奶 70克、香草荚 1/2根、蛋黄 75克

❸ 蛋白 150克、细砂糖 90克

 直径18厘米中空圆模1个

🥄 做法

准备

1 低筋面粉过筛，烤模边缘（及中空处的边缘）抹油，烤模用铝箔纸包好备用（P.109"准备工作"的说明）。

2 烤箱设定上火约170℃、下火约150℃，提前预热。
● 烤箱预热时机及预热温度，请看P.18的说明。

制作烫面糊→参照P.110说明

3 香草荚剖开取籽，加入鲜奶内备用。

4 材料❶的液体油入锅，开小火加热，油纹出现时即熄火。
● 加热时，戴着隔热手套提起锅具轻轻地摇晃，使油温均匀。

5 快速倒入面粉，用打蛋器搅匀，持续搅到降温（微温）且具光泽状。

6 将做法3的鲜奶一次倒入做法5的面糊内，轻轻地搅匀。

7 接着一次倒入蛋黄，轻轻地搅到光泽状。

制作蛋白霜→参照P.11说明

8 依P.11做法6~12将蛋白霜制作完成。
● 蛋白霜的打发程度如一般戚风蛋糕的制作方式。

烫面糊＋蛋白霜→参照P.111说明

9 依P.12做法13~18将做法7的面糊与蛋白霜混合均匀。
● 混合方式如一般戚风蛋糕的制作方式。

面糊入模→参照P.12说明

10 用橡皮刮刀将面糊刮入烤模内，并将面糊表面轻轻地抹平。

隔水蒸烤→参照P.112说明

11 将烤模放入已预热的烤箱中，在烤盘上注入冷水，以上火约180℃、下火约150℃蒸烤10~15分钟。表皮轻微上色后，再将上火降低10~20℃，续烤45~50分钟。关火后，续闷约5分钟后再取出蛋糕。

巧克力 烫面戚风蛋糕

1. 低筋面粉 65克、液体油 40克
2. 香橙酒10克（约2小匙）、鲜奶65克、苦甜巧克力55克
   ●必须选用富含可可脂的苦甜巧克力。
3. 蛋黄 60克
4. 蛋白 130克、细砂糖 80克

直径18厘米活动圆模1个

做法

准备

1 低筋面粉过筛，烤模边缘抹油，烤模用铝箔纸包好备用（P.109"准备工作"的说明）。

2 烤箱设定上火约170℃、下火约150℃，提前预热。
● 烤箱预热时机及预热温度，请看P.18的说明。

3 材料2的苦甜巧克力隔水加热融化。
● 加热融化的同时必须搅动，快要完全融化前即离开热水。

制作烫面糊→参照P.110说明

4 依P.117做法4~5将材料❶的面粉倒入热油中糊化，持续搅到降温（微温）且具光泽状。

5 将香橙酒及鲜奶一次倒入做法4的面糊内，轻轻地搅匀。

6 接着倒入蛋黄约1/2的分量，搅匀后再倒入苦甜巧克力约1/2的分量，轻轻地搅匀。

7 继续将剩余的蛋黄及苦甜巧克力分别倒入面糊内，轻轻地搅到光泽状。
● 分次将蛋黄及苦甜巧克力交替地倒入面糊内，较易拌匀；注意巧克力糊必须保持流性，如降温凝结时，可放在装有热水的锅上利用热气稍微加热，以利于蛋白霜的拌和。

制作蛋白霜→参照P.11说明

8 依P.11做法6~12将蛋白霜制作完成。
● 蛋白霜的打发程度如一般戚风蛋糕的制作方式。

烫面糊＋蛋白霜→参照P.111说明

9 依P.12做法13~18将做法7的面糊与蛋白霜混合均匀。
● 混合方式如一般戚风蛋糕的制作方式。

隔水蒸烤→参照P.112说明

11 将烤模放入已预热的烤箱中，在烤盘上注入冷水，上火约180℃、下火约150℃蒸烤10~15分钟。表皮轻微上色后，再将上火降低10~20℃，续烤45~50分钟。关火后，续焖约5分钟后再取出蛋糕。

面糊入模→参照P.12说明

10 用橡皮刮刀将面糊刮入烤模内，并将面糊表面轻轻地抹平。

南瓜 烫面戚风蛋糕

材料

❶ 低筋面粉 60克、液体油 40克

❷ 鲜奶 55克、蛋黄 60克、
   南瓜 45克、肉桂粉 1/8小匙

❸ 蛋白 130克、细砂糖 70克

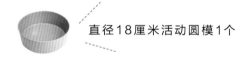
直径18厘米活动圆模1个

做法

准备

1 低筋面粉过筛，烤模边缘抹油，烤模用铝箔纸包好备用（P.109 "准备工作"的说明）。

2 南瓜去皮切小块（45克）蒸熟，趁热用叉子压成泥状备用。

3 烤箱设定上火约170℃、下火约150℃，提前预热。
● 烤箱预热时机及预热温度，请看P.18的说明。

制作烫面糊→参照P.110说明

4 依P.117做法4~5将材料❶的面粉倒入热油中糊化，持续搅到降温（微温）且具光泽状。

5 将材料❷的鲜奶一次倒入做法4的面糊内，轻轻地搅匀。

6 接着一次倒入蛋黄，轻轻地搅匀。

 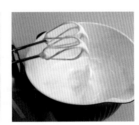

制作蛋白霜→参照P.11说明

8 依P.11做法6~12将蛋白霜制作完成。
● 蛋白霜的打发程度如一般戚风蛋糕的制作方式。

7 继续倒入南瓜泥及肉桂粉，轻轻地搅到光泽状。

烫面糊＋蛋白霜→参照P.111说明

9 依P.12做法13~18将做法7的面糊与蛋白霜混合均匀。
● 混合方式如一般戚风蛋糕的制作方式。

面糊入模→参照P.12说明

10 用橡皮刮刀将面糊刮入烤模内，并将面糊表面轻轻地抹平。

隔水蒸烤→参照P.112说明

11 将烤模放入已预热的烤箱中，在烤盘上注入冷水，以上火约180℃、下火约150℃蒸烤10~15分钟。表皮轻微上色后，再将上火降低10~20℃，续烤45~50分钟。关火后，续闷约5分钟后再取出蛋糕。

可可 烫面戚风蛋糕

材料

❶ 低筋面粉 65克、无糖可可粉 12克（约2大匙）、液体油 45克

❷ 鲜奶 80克、蛋黄 75克

❸ 蛋白 150克、细砂糖 90克

 直径18厘米中空圆模1个

做法

准备

1 材料❶的低筋面粉及无糖可可粉一起过筛2次。

2 烤模边缘（及中空处的边缘）抹油，烤模用铝箔纸包好备用（P.109 "准备工作" 的说明）。

3 烤箱设定上火约170℃、下火约150℃，提前预热。
●烤箱预热时机及预热温度，请看P.18的说明。

制作烫面糊→参照P.110说明

4 材料❶的液体油入锅，开小火加热，油纹出现时即熄火。
●加热时，戴着隔热手套提起锅具轻轻地摇晃，使油温均匀。

5 快速倒入做法1的低筋面粉与可可粉，用打蛋器搅匀，持续搅到降温（微温）且具光泽状的可可面糊。

制作蛋白霜→参照P.11说明

6 将鲜奶一次倒入做法5的可可面糊内，轻轻地搅匀。

7 接着一次倒入蛋黄，轻轻地搅到光泽状。

8 依P.11做法6~12将蛋白霜制作完成。
●蛋白霜的打发程度如一般戚风蛋糕的制作方式。

烫面糊＋蛋白霜→参照P.111说明

9 依P.12做法13~18将做法7的面糊与蛋白霜混合均匀。
●混合方式如一般戚风蛋糕的制作方式。

面糊入模→参照P.12说明

10 用橡皮刮刀将面糊刮入烤模内，并将面糊表面轻轻地抹平。

隔水蒸烤→参照P.112说明

11 将烤模放入已预热的烤箱中，在烤盘上注入冷水，以上火约180℃、下火约150℃蒸烤10~15分钟。表皮轻微上色后，再将上火降低10~20℃，续烤45~50分钟。关火后，续闷约5分钟后再取出蛋糕。

椰香烫面戚风蛋糕

材料

1 低筋面粉 65 克、液体油 40 克

2 椰奶 80 克、蛋黄 60 克、椰子粉 20 克

3 蛋白 130 克、细砂糖 80 克

表面装饰→椰子丝 10 克

直径 18 厘米活动圆模 1 个

做法

准备

1 低筋面粉过筛，烤模边缘抹油，烤模用铝箔纸包好备用（P.109 "准备工作" 的说明）。

2 烤箱设定上火约 170℃、下火约 150℃，提前预热。
● 烤箱预热时机及预热温度，请看 P.18 的说明。

制作烫面糊→参照 P.110 说明

3 依 P.117 做法 4~5 将材料**1** 的面粉倒入热油中糊化，持续搅到降温（微温）且具光泽状。

4 将椰奶一次倒入做法 3 的面糊内，轻轻地搅匀。

5 接着一次倒入蛋黄，轻轻地搅到光泽状。

6 继续倒入椰子粉，搅拌均匀。

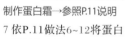

制作蛋白霜→参照 P.11 说明

7 依 P.11 做法 6~12 将蛋白霜制作完成。
● 蛋白霜的打发程度如一般戚风蛋糕的制作方式。

烫面糊 + 蛋白霜→参照 P.111 说明

8 依 P.12 做法 13~18 将做法 6 的面糊与蛋白霜混合均匀。
● 混合方式如一般戚风蛋糕的制作方式。

面糊入模→参照 P.12 说明

9 用橡皮刮刀将面糊刮入烤模内，并将面糊表面轻轻地抹平，最后撒上椰子丝装饰。

隔水蒸烤→参照 P.112 说明

10 将烤模放入已预热的烤箱中，在烤盘上注入冷水，以上火约 180℃、下火约 150℃蒸烤 10~15 分钟。表皮轻微上色后，再将上火降低 10~20℃，续烤 45~50 分钟。关火后，续闷约 5 分钟后再取出蛋糕。

抹茶 烫面戚风蛋糕

 材料

❶ 低筋面粉65克、抹茶粉 8 克（1大匙＋1小匙）、液体油 45克

❷ 鲜奶 80克、蛋黄 75克

❸ 蛋白 150克、细砂糖 90克

直径18厘米中空圆模1个

 做法

准备

1 材料❶的低筋面粉及抹茶粉一起过筛2次。

3 烤箱设定上火约170℃、下火约150℃，提前预热。
●烤箱预热时机及预热温度，请参P.18的说明。

2 烤模边缘（及中空处的边缘）抹油，烤模用铝箔纸包好备用（P.109"准备工作"的说明）。

制作烫面糊→参照P.110说明

4 材料❶的液体油入锅，开小火加热，油纹出现时即熄火。
●加热时，戴着隔热手套提起锅具轻轻地摇晃，使油温均匀。

5 快速倒入做法1的低筋面粉与抹茶粉，用打蛋器搅匀，持续搅到降温（微温）且具光泽状的抹茶面糊。

6 将鲜奶一次倒入做法5的抹茶面糊内，轻轻地搅匀。

7 接着一次倒入蛋黄，轻轻地搅到光泽状。

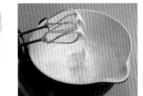

制作蛋白霜→参照P.11说明

8 依P.11做法6~12将蛋白霜制作完成。
●蛋白霜的打发程度如一般戚风蛋糕的制作方式。

烫面糊＋蛋白霜→参照P.111说明

9 依P.12做法13~18将做法7的面糊与蛋白霜混合均匀。
●混合方式如一般戚风蛋糕的制作方式。

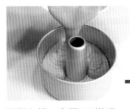

面糊入模→参照P.12说明

10 用橡皮刮刀将面糊刮入烤模内，并将面糊表面轻轻地抹平。

隔水蒸烤→参照P.112说明

11 将烤模放入已预热的烤箱中，在烤盘上注入冷水，以上火约180℃、下火约150℃蒸烤10~15分钟。表皮轻微上色后，再将上火降低10~20℃，续烤45~50分钟。关火后，续闷约5分钟后再取出蛋糕。

火龙果烫面戚风蛋糕

材料

① 低筋面粉 65克、液体油 40克

② 火龙果 80克、香橙汁 30克（纯果汁，不含果粒）

③ 蛋黄 60克

④ 蛋白 130克、细砂糖 70克

直径18厘米活动圆模1个

做法

准备

1 低筋面粉过筛，烤模边缘抹油，烤模用铝箔纸包好备用（P.109 "准备工作"的说明）。

2 火龙果切小块加入香橙汁，用均质机（或料理机）打成泥状备用。

3 烤箱设定上火约170℃、下火约150℃，提前预热。
● 烤箱预热时机及预热温度，请看P.18的说明。

制作烫面糊→参照P.110说明

4 依P.117做法4~5将材料❶的面粉倒入热油中糊化，持续搅到降温（微温）且具光泽状。

5 将做法2的火龙果泥（含香橙汁）一次倒入做法4的面糊内，轻轻地搅匀。
● 粘黏在容器上的果泥，都要刮干净。

6 接着一次倒入蛋黄，轻轻地搅到光泽状。

制作蛋白霜→参照P.11说明

7 依P.11做法6~12将蛋白霜制作完成。
● 蛋白霜的打发程度如一般戚风蛋糕的制作方式。

烫面糊+蛋白霜→参照P.111说明

8 依P.12做法13~18将做法6的面糊与蛋白霜混合均匀。
● 混合方式如一般戚风蛋糕的制作方式。

面糊入模→参照P.12说明

9 用橡皮刮刀将面糊刮入烤模内，并将面糊表面轻轻地抹平。

隔水蒸烤→参照P.112说明

10 将烤模放入已预热的烤箱中，在烤盘上注入冷水，以上火约180℃、下火约150℃蒸烤10~15分钟。表皮轻微上色后，再将上火降低10~20℃，续烤45~50分钟。关火后，续闷约5分钟后再取出蛋糕。

蜂蜜柠檬烫面戚风蛋糕

材料

① 低筋面粉 65克、液体油 40克

② 鲜奶 55克、蛋黄 60克、蜂蜜 15克、
柠檬皮屑 1克（约1小匙）

③ 蛋白 130克、
细砂糖 65克

 直径18厘米活动圆模1个

做法

准备

1 低筋面粉过筛，烤模边
缘抹油，烤模用铝箔纸
包好备用（P.109"准备
工作"的说明）。

2 材料②的蜂蜜隔水加热，
待变成流质状备用。

3 烤箱设定上火约170℃、
下火约150℃，提前预
热。

● 烤箱预热时机及预热温
度，请看P.18的说明。

制作烫面糊→参照P.110说明

4 依P.117做法4~5将材料
①的面粉倒入热油中糊
化，持续搅到降温（微
温）且具光泽状。

5 将鲜奶一次倒入做法4的
面糊内，轻轻地搅匀。

6 接着一次倒入蛋黄，轻
轻地搅匀。

7 继续倒入蜂蜜及柠檬皮屑，轻轻地搅到光泽状。

制作蛋白霜→参照P.11说明

8 依P.11做法6~12将蛋白
霜制作完成。

● 蛋白霜的打发程度如一
般戚风蛋糕的制作方式。

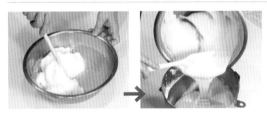

烫面糊＋蛋白霜→参照P.111说明

9 依P.12做法13~18将做法7的面糊与蛋白霜混合均匀。

● 混合方式如一般戚风蛋糕的制作方式。

面糊入模→参照P.12说明

10 用橡皮刮刀将面糊刮入烤模内，并将面糊表面轻轻
地抹平。

隔水蒸烤→参照P.112说明

11 将烤盘放入已预热的烤箱中，在烤盘上注入冷水，以上火约180℃、下火约150℃
蒸烤10~15分钟。表皮轻微上色后，再将上火降低10~20℃，续烤45~50分钟。关
火后，续闷约5分钟后再取出蛋糕。

小麦胚芽 烫面戚风蛋糕

材料

❶ 低筋面粉 65克、液体油 40克

❷ 鲜奶 65克、蛋黄 65克、小麦胚芽 25克

❸ 蛋白 130克、细砂糖 80克

❹ 生的碎核桃 25克

装饰→ 糖粉 适量

直径18厘米活动圆模1个

🥄 做法

准备

1 低筋面粉过筛，烤模边缘抹油，烤模用铝箔纸包好备用（P.109"准备工作"的说明）。

2 烤箱设定上火约170℃、下火约150℃，提前预热。
- 烤箱预热时机及预热温度，请看P.18的说明。

制作烫面糊→参照P.110说明

3 依P.117做法4~5将材料❶的面粉倒入热油中糊化，持续搅到降温（微温）且具光泽状。

4 将鲜奶一次倒入做法3的面糊内，轻轻地搅匀。

5 接着一次倒入蛋黄，搅拌均匀。

6 继续倒入小麦胚芽，轻轻地搅到光泽状。

制作蛋白霜→参照P.11说明

7 依P.11做法6~12将蛋白霜制作完成。
- 蛋白霜的打发程度如一般戚风蛋糕的制作方式。

 ➡  ➡

烫面糊＋蛋白霜→参照P.111说明

8 依P.12做法13~18将做法6的面糊与蛋白霜混合均匀。
- 混合方式如一般戚风蛋糕的制作方式。

面糊入模→参照P.12说明

9 用橡皮刮刀将面糊刮入烤模内，并将面糊表面轻轻地抹平，再均匀地撒上生的碎核桃。

隔水蒸烤→参照P.112说明

10 将烤模放入已预热的烤箱中，在烤盘上注入冷水，以上火约180℃、下火约150℃蒸烤10~15分钟。表皮轻微上色后，再将上火降低10~20℃，续烤45~50分钟。关火后，续闷约5分钟后再取出蛋糕。

附录

方块蛋糕

Square Cake

利用方形烤模做蛋糕，规矩的形状，适当的厚度，有别于一般圆形烤模的外观，切块盛盘，自用或当成茶会点心，都非常讨喜。

书中的方块蛋糕，多以各式"海绵蛋糕"来制作，借由蓬松且扎实的组织，搭配各式蔬果或坚果，都非常适宜，烘烤受热的稳定性极佳，成品外观易于掌控；而烫面式戚风蛋糕的质地细致，稳定的收缩度，也可用于方块蛋糕。

食谱中的各式蛋糕体，在做法中均有详述，请仔细阅读；而不同的海绵蛋糕，其用料、制作过程及口感，差异如下：

蛋糕体	用料	面糊制作	拌和方式	口感
全蛋海绵蛋糕	鸡蛋、细砂糖、油、面粉	以全蛋打发蛋糊所制成的面糊	蛋糊打发→拌入面粉成面糊→取少量面糊拌入奶油内，再倒回原面糊内而成	蓬松有弹性，有浓郁蛋香
法式杏仁海绵蛋糕	除上述4项主料外，还有大量杏仁粉；而其中的油脂则是固态油（无盐黄油）	全蛋加杏仁粉所拌成的杏仁面糊	取少量的杏仁面糊拌入黄油内，再倒回原来的杏仁面糊内，再将杏仁面糊与打发的蛋白霜混合	质地较扎实，有浓郁的杏仁香气及奶味

烘烤完成

各式方块蛋糕烘烤完成后，用小尖刀插入面糊内，如不粘黏即可；从烤箱取出后，请尽快脱模，以免蛋糕体过度收缩。

烤模

"方块蛋糕"所使用的烤模尺寸

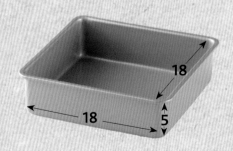

18

18

5

烤模铺纸

为方便取出烘烤后的蛋糕体，最好在烤模内铺上防粘纸。

◎烤模底部铺防粘纸

◎裁切纸张的大小，与烤模底部相同的长宽。

脱模方式
只有底部铺有防粘纸，表示脱模时，仍必须倒扣；因此，必须注意蛋糕体表面的完整性或是馅料是否会脱落。

◎烤模底部及边缘都铺防粘纸

◎裁切纸张的长、宽大于烤模的长、宽至少5厘米，在纸张的4个角分别剪出刀口（长度至烤模的角）。

◎再将纸张的4个边向内折，并将4个被剪开的角交叉折好。

脱模方式
烤模周边也有防粘纸，脱模时不必倒扣，可用手拎起防粘纸，将蛋糕体顺势拉出烤模。

蓝莓奶酥蛋糕

材料

奶酥粒

低筋面粉 40克、糖粉 25克、杏仁粉 30克

无盐黄油 30克（切小块）

法式杏仁海绵蛋糕

❶ 无盐黄油 15克

❷ 杏仁粉 60克、糖粉 15克、全蛋 110克

❸ 蛋白 60克、细砂糖 30克

❹ 低筋面粉 25克

配料

新鲜蓝莓 150~180克

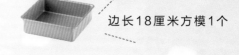

边长18厘米方模1个

做法

准备

1 材料❶的无盐黄油隔水加热融化，材料❷的杏仁粉及糖粉一起过筛（杏仁粉粗颗粒保留）。

2 低筋面粉过筛，烤模底部铺纸备用（P.133"烤模铺纸"的说明）。

3 烤箱设定上火约180℃，下火约160℃，提前预热。
 ●烤箱预热时机及预热温度，请看P.18的说明。

4 先制作奶酥粒：低筋面粉、糖粉及杏仁粉称在一起，用手混匀，再与无盐黄油混合，用手轻轻地搓成颗粒状，冷藏备用。

制作杏仁面糊

5 材料❷的全蛋搅散后，倒入做法1的杏仁粉（含糖粉）内，用打蛋器搅成均匀的杏仁面糊。

制作蛋白霜→参照P.11说明

6 依P.11做法6~12将蛋白霜制作完成。
 ●蛋白霜的打发程度如一般戚风蛋糕的制作方式。

杏仁面糊 + 蛋白霜

7 取约1/3分量的蛋白霜，加入做法5的杏仁面糊内，轻轻地拌匀，再刮入剩余的蛋白霜内，从容器底部刮起搅匀。

面糊入模

8 倒入已过筛的低筋面粉，用橡皮刮刀轻轻地翻拌均匀，制成细致的面糊。

9 取做法8的少量面糊倒入做法1的融化黄油内，快速搅匀后，再倒回原来的面糊内，轻轻地拌匀。
 ●少量面糊：约为融化黄油的2倍分量。

10 用橡皮刮刀将面糊刮入烤模内，轻轻地抹平。

烘烤→参照P.13说明

12 将烤模放入已预热的烤箱中，以上火约180℃、下火约160℃烤25~30分钟，奶酥粒成金黄色、面糊烤熟即可。

11 再将新鲜蓝莓均匀地铺在面糊上，最后撒上奶酥粒。

四个四分之一蛋糕

全蛋海绵蛋糕

❶ 无盐黄油 120克

❷ 全蛋 120克、细砂糖 120克

❸ 低筋面粉120克、香橙皮屑1个

边长18厘米方模1个

所谓"四个四分之一蛋糕"（Quatre-Quarts），即法国奶油蛋糕，是利用黄油、细砂糖、鸡蛋及面粉各250克的分量来制作（共1000克），表示每样材料都是等比例；就如同磅蛋糕（Pound Cake）的做法，将黄油打发制成，组织较扎实，口感浓郁；而本书中的做法，则以"全蛋式海绵蛋糕"的蛋糕打发方式完成，口感较松软有弹性，有不同的品尝滋味。

做法

准备

1 无盐黄油隔水加热融化备用，用刨皮刀将香橙的皮屑刨好备用。

2 低筋面粉过筛，烤模底部铺纸备用（P.133"烤模铺纸"的说明）。

3 烤箱设定上、下火约180℃，提前预热。
- 烤箱预热时机及预热温度，请看P.18的说明。

制作全蛋面糊

4 材料❷的全蛋隔水加热，用搅拌机先以慢速搅散，接着加入细砂糖，再加速打发。
- 蛋液经隔水加热后，有助于快速稳定地打发，但要注意蛋糊的温度不可超过40℃；搅打时，必须随时用手指确认温度，微温时，即可离开热水继续打发。

5 做法4的蛋糊持续快速打发，最后体积会变大、颜色会变白，捞起的蛋糊呈浓稠状，滴落的线条不会立即消失即完成。
- 最后再以慢速搅打约1分钟，蛋糊会更加细致。

6 倒入已过筛的面粉，先用橡皮刮刀拌和，接着快速刮入做法1的融化黄油，轻轻地从容器底部刮起并翻拌搅匀。
- 注意不要定点淋入黄油，应绕圈淋下，面糊较不易消泡。

7 轻巧且快速地搅成均匀细致的面糊后，接着倒入香橙皮屑，轻轻地拌匀。
- 也可将香橙皮屑先倒入融化的黄油内搅匀备用。

面糊入模

8 用橡皮刮刀将面糊刮入烤模内，轻轻地抹平。

烘烤→参照P.13说明

9 将烤模放入已预热的烤箱中，以上、下火约180℃烤25~30分钟。

黑枣蛋糕

 参见DVD示范

 材料

全蛋海绵蛋糕

❶ 无盐黄油 25克、香橙汁 30克（纯果汁，不含果粒）

❷ 全蛋 110克、蛋黄 15克、细砂糖 50克

❸ 低筋面粉 60克、杏仁粉 15克

配料

黑枣 16颗、香橙酒 1小匙、肉桂粉 1/8小匙

边长18厘米方模1个

做法

准备

1 无盐黄油加香橙汁，隔水加热将黄油融化备用。

2 低筋面粉及杏仁粉一起过筛（杏仁粉粗颗粒保留），搅匀备用。

3 烤箱设定上、下火约170℃，提前预热。
● 烤箱预热时机及预热温度，请看P.18的说明。

制作全蛋面糊

4 先将烤模铺纸（如P.133"烤模铺纸"的说明），配料的黑枣加香橙酒及肉桂粉搅匀后，再均匀地铺在烤模内（每行4颗）。

5 材料❷的全蛋加蛋黄隔水加热，用搅拌机先以慢速搅散，接着加入细砂糖，再加速打发。
● 蛋液经隔水加热后，有助于快速稳定地打发，但要注意蛋糕的温度不可超过40℃；搅打时，必须随时用手指确认温度，微温时，即可离开热水继续打发。

6 做法5的蛋糊持续快速打发，最后体积会变大、颜色会变白，捞起的蛋糊呈浓稠状，滴落的线条不会立即消失即完成。
● 最后再以慢速搅打约1分钟，蛋糕会更加细致。

7 接着倒入做法2的已过筛的面粉（含杏仁粉），先用打蛋器轻轻地将面粉搅在蛋糕中，再改用橡皮刮刀翻拌搅匀。

8 取做法7的少量面糊倒入做法1的橙汁奶油内，快速搅匀后，再倒回原来的面糊内，轻轻地拌匀，制成细致的面糊。
● 少量面糊：约为橙汁奶油2倍的分量。

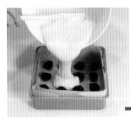 

烘烤→参照P.13说明

10 将烤模放入已预热的烤箱中，以上、下火约170℃烤25~30分钟；蛋糕脱模后，底部朝上当作正面。

面糊入模

9 用橡皮刮刀将面糊刮入烤模内，轻轻地抹平。

香橙蛋糕

材料

橙皮汁
橙皮丝20克（约2个）、水90克、细砂糖15克

全蛋海绵蛋糕
❶ 无盐黄油25克、橙皮汁（做法1）35克
❷ 全蛋105克、蛋黄15克、细砂糖50克
❸ 低筋面粉60克、杏仁粉15克

配料
香橙果肉180克（约2个）

边长18厘米方模1个

🥄 做法

准备

1 橙皮汁：橙皮丝加水及
细砂糖，用小火煮约10
分钟，将橙皮丝取出挤
干备用。

2 香橙果肉：尽量去膜，
口感较佳。

3 无盐黄油加做法1的橙皮
汁（取35克），再隔水
加热将黄油融化备用。

4 低筋面粉及杏仁粉一起
过筛（杏仁粉粗颗粒保
留），搅匀备用。

5 烤模底部铺纸（P.133
"烤模铺纸"的说明）。
烤箱设定上、下火约
180℃，提前预热。
●烤箱预热时机及预热温
度，请看P.18的说明。

制作全蛋面糊

6 材料❷的全蛋加蛋黄及
细砂糖，隔水加热，用
搅拌机先以慢速搅散，
再加速打发。
●打发蛋糊时，隔水加热
方式，请参考P.138"黑
枣蛋糕"的DVD示范。

7 做法6蛋糊持续快速打
发，最后体积会变大、
颜色会变白，捞起的蛋
糊呈浓稠状，滴落的线条
不会立即消失即完成。

8 接着倒入已过筛的面粉（及杏仁粉），先用打蛋器轻
轻地将面粉搅在蛋糊中，再改用橡皮刮刀翻拌搅匀。
●做法6~8的面糊制作，与P.138"黑枣蛋糕"做法5~7
相同。

9 取做法8的少量面糊倒入做法3的橙皮汁奶油内，快速
搅匀后，再倒回原来的面糊内，轻轻地拌匀，制成细
致的面糊。
●少量面糊：约为橙皮汁奶油2倍的分量。

面糊入模

10 用橡皮刮刀将面糊刮入
烤模内，轻轻地抹平。

烘烤→参照P.13说明

11 将烤模放入已预热的烤
箱中，以上、下火约
180℃烤约10分钟后，
取出铺上香橙果肉，并
撒些做法1的橙皮丝，
再以上火约150℃、下
火约170℃续烤15~20分
钟。

香蕉可可蛋糕

材料

法式杏仁海绵蛋糕

❶ 无盐黄油 15克

❷ 无糖可可粉 20克、热水 40克

❸ 杏仁粉 60克、糖粉 15克、全蛋 90克

❹ 蛋白 60克、细砂糖 35克

❺ 低筋面粉 25克

配料

香蕉 200克（去皮后）

边长18厘米方模1个

做法

准备

1 无盐黄油隔水加热融化，无糖可可粉加热水搅成均匀的可可糊。杏仁粉加糖粉一起过筛（杏仁粉粗颗粒保留）。

2 低筋面粉过筛、烤模底部铺纸备用（P.133 "烤模铺纸"的说明）。

3 烤箱设定上、下火约180℃，提前预热。
● 烤箱预热时机及预热温度，请看P.18的说明。

制作杏仁面糊

4 材料❸的全蛋搅散后，倒入做法1的杏仁粉（含糖粉）内，用打蛋器搅成均匀的杏仁面糊。

5 接着将做法1的可可糊倒入杏仁面糊内，搅成均匀的可可杏仁面糊。

制作蛋白霜→参照P.11说明

6 依P.11做法6~12将蛋白霜制作完成。
● 蛋白霜的打发程度如一般戚风蛋糕的制作方式。

可可杏仁面糊 + 蛋白霜→参照P.12说明

7 取约1/3分量的蛋白霜，加入做法5的可可杏仁面糊内，轻轻地拌匀，再刮入剩余的蛋白霜内，从容器底部刮起搅匀。

8 倒入已过筛的低筋面粉，用橡皮刮刀轻轻地翻拌均匀，制成细致的可可面糊。

9 取做法8的少量面糊倒入做法1的融化黄油内，快速搅匀后，再倒回原来的面糊内，轻轻地拌匀。
● 少量面糊：约为融化黄油2倍的分量。

面糊入模

10 用橡皮刮刀将面糊刮入烤模内，轻轻地抹平。

烘烤→参照P.13说明

11 将烤模放入已预热的烤箱中，以上、下火约180℃烤约10分钟后取出，将香蕉（切成3~4厘米宽）插入面糊内，再以上火约150℃、下火约170℃续烤15~20分钟。

核桃杏仁蛋糕

法式杏仁海绵蛋糕

❶ 无盐黄油 20克、香橙酒 10克

❷ 杏仁粉 75克、低筋面粉 35克、全蛋 150克

❸ 蛋白 85克、细砂糖 50克

配料

生的碎核桃 45克、糖粉适量

边长18厘米方模1个

✎ 做法

准备

1 无盐黄油隔水加热融化，加入香橙酒搅匀备用。

2 杏仁粉及面粉一起过筛（杏仁粉粗颗粒保留），烤模底部铺纸备用（P.133"烤模铺纸"的说明）。

3 烤箱设定上、下火170~180℃，提前预热。
● 烤箱预热时机及预热温度，请看P.18的说明。

制作杏仁面糊

4 材料❷的全蛋搅散后，倒入做法2的杏仁粉（含面粉）内，用打蛋器搅成均匀的杏仁面糊。

制作蛋白霜→参照P.11说明

5 依P.11做法6~12将蛋白霜制作完成。
● 蛋白霜的打发程度如一般戚风蛋糕的制作方式。

杏仁面糊＋蛋白霜→参照P.12说明

6 取约1/3分量的蛋白霜，加入做法4的杏仁面糊内，轻轻地拌匀，再刮入剩余的蛋白霜内，从容器底部刮起搅匀。

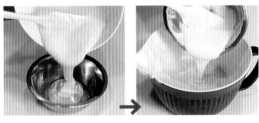

面糊入模

7 取做法6的少量面糊倒入做法1融化的黄油内（含香橙酒），快速搅匀后，再倒回原来的面糊内，轻轻地拌匀。
● 少量面糊：约为融化黄油2倍的分量。

8 用橡皮刮刀将面糊刮入烤模内，轻轻地抹平。

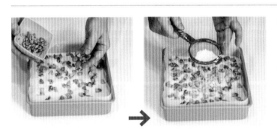

9 再将生的碎核桃均匀地铺在面糊上，最后在表面均匀地筛些糖粉。
● 面糊表面的糖粉，经高温烘烤后，形成白色的表层，具轻微脆度的香甜口感，可依个人喜好取舍此步骤。

烘烤→参照P.13说明

10 将烤模放入已预热的烤箱中，以上、下火170~180℃烤25~30分钟。

英式苹果奶酥

奶酥粒

低筋面粉 40 克、糖粉 25 克、杏仁粉 30 克

无盐黄油 30 克（切小块）

焦糖奶油苹果

❶ 细砂糖 30 克、苹果 400 克（去皮后，约 2 个）

❷ 无盐黄油 25 克、葡萄干 25 克

❸ 香橙酒 1 小匙、肉桂粉 1/4 小匙、烤熟的碎核桃 30 克

边长 18 厘米方模 1 个

英式苹果奶酥（Apple Crumble）是英国传统的家庭点心，简单又美味。香甜的苹果馅在底部，上面覆盖酥脆的奶酥粒，烤好后，趁热佐以球香草冰淇淋或打发的鲜奶油，冷热交融，满足味蕾！

做法

准备

1 先制作奶酥粒：低筋面粉、糖粉及杏仁粉称在一起，用手混匀，再与无盐黄油混合，用手轻轻地搓成颗粒状，冷藏备用。

2 苹果切成约1.5厘米的方丁备用。

3 烤箱设定上火约200℃、下火约160℃，提前预热。
- ●烤箱预热时机及预热温度，请看P.18的说明。

制作焦糖奶油苹果

4 细砂糖入锅中，用小火加热，融化后渐渐地呈现金黄色。

5 接着倒入苹果丁，用中火拌炒。

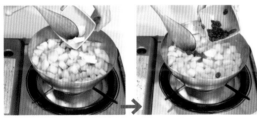

6 续炒3~5分钟后，苹果丁稍微收缩变小，接着倒入无盐黄油（先切小块）及葡萄干。

7 持续炒到苹果丁变软后，再加入香橙酒及肉桂粉，大火收汁，搅匀后即熄火。

10 将烤模放入已预热的烤箱中，以上火约200℃、下火约160℃烤20~25分钟，待表面的奶酥粒呈金黄色即可。
- ●品尝时，直接铲出所需的分量即可，趁热享用，风味最佳。

馅料入模

8 最后倒入烤熟的碎核桃，拌炒均匀。

9 将焦糖奶油苹果刮入烤模内，轻轻地摊开，最后撒上奶酥粒。

胡萝卜杏仁蛋糕

分蛋式奶油蛋糕

❶ 胡萝卜 200克、杏仁粉 150克、低筋面粉 45克、肉桂粉 1/8小匙

❷ 无盐黄油 35克、二砂糖 15克、盐 1/8小匙、蛋黄 45克、 柠檬皮屑 约1克（约1小匙）

❸ 蛋白 90克、细砂糖 45克

边长18厘米方模1个

🥄 做法

准备

1 胡萝卜刨成细丝后再切碎备用。

2 低筋面粉及肉桂粉一起过筛，烤模底部铺纸备用（P.133 "烤模铺纸" 的说明）。

3 烤箱设定上、下火约180℃，提前预热。
● 烤箱预热时机及预热温度，请看P.18的说明。

  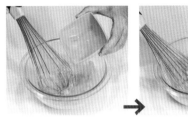

制作胡萝卜杏仁面糊

4 将材料❶的所有材料混合均匀备用。

5 将材料❷的无盐黄油、二砂糖及盐用打蛋器搅匀（不用打发），尽量搅到砂糖融化。

6 接着加入蛋黄及柠檬皮屑，搅成均匀的奶油糊。

制作蛋白霜→参照P.11说明

8 依P.11做法6~12将蛋白霜制作完成。
● 蛋白霜的打发程度如一般戚风蛋糕的制作方式。

7 再将做法6的奶油糊倒入做法4的胡萝卜混合物内，用橡皮刮刀搅匀，制成非常浓稠的胡萝卜杏仁面糊。

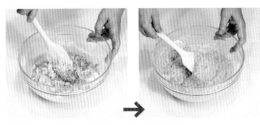 

胡萝卜杏仁面糊＋蛋白霜→参照P.12说明

9 取约1/3分量的蛋白霜，倒入做法7的胡萝卜杏仁面糊内，轻轻地拌匀，再刮入剩余的蛋白霜内，从容器底部刮起搅匀。

面糊入模

10 用橡皮刮刀将面糊刮入烤模内，并将表面轻轻地抹平。

烘烤→参照P.13说明

11 将烤模放入已预热的烤箱中，以上、下火约180℃烤25~30分钟。

苹果片蛋糕

材料

分蛋式奶油蛋糕

❶ 无盐黄油 50克、细砂糖 10克、全蛋 55克

❷ 低筋面粉 35克、杏仁粉 30克

❸ 香橙汁 30克（纯果汁，不含果粒）

❹ 蛋白 80克、细砂糖 35克

配料

苹果片 200克（不去皮）、苹果果肉 150克
（去皮后）

边长18厘米方模1个

准备

1 无盐黄油称好后，放在室温下回软备用。

2 低筋面粉及杏仁粉一起过筛（杏仁粉粗颗粒保留）。

3 烤模底部铺纸备用（P.133 "烤模铺纸" 的说明），烤箱设定上、下火约180℃，提前预热。

● 烤箱预热时机及预热温度，请看P.18的说明。

 做法

制作香橙杏仁面糊

1 将所需的苹果片（配料）切好，另外准备去皮的苹果果肉150克切小片（要填入面糊内）。

2 将软化的无盐黄油加细砂糖用搅拌机以快速打发，搅打至细砂糖融化后，再慢慢地倒入全蛋（边倒边搅）。

3 接着倒入已过筛的低筋面粉（含杏仁粉），用橡皮刮刀搅匀。

制作蛋白霜→参照P.11说明

5 依P.11做法6~12将蛋白霜制作完成。

● 蛋白霜的打发程度如一般戚风蛋糕的制作方式。

4 最后加入香橙汁，轻轻地搅成均匀细致的香橙杏仁糊。

 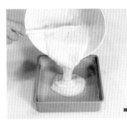

香橙杏仁面糊＋蛋白霜→参照P.12说明

6 取约1/3分量的蛋白霜，加入做法4的香橙杏仁面糊内，轻轻地拌匀，再刮入剩余的蛋白霜内，从容器底部刮起搅匀。

面糊入模

7 用橡皮刮刀将面糊刮入烤模内，稍微抹平后，再填入做法1的苹果果肉（平放），并将表面抹平。

烘烤→参照P.13说明

9 将烤模放入已预热的烤箱中，以上火约180℃、下火约180℃烤25~30分钟。

8 最后将苹果片斜插在面糊表面。

南瓜蛋糕

材料

全蛋海绵蛋糕

❶ 无盐黄油 25克、鲜奶 25克

❷ 全蛋 110克、蛋黄 15克、细砂糖 50克

❸ 低筋面粉 50克、杏仁粉 15克

配料

❶ 南瓜 100克（去皮后）、南瓜泥 55克

❷ 葡萄干 35克、朗姆酒 20克

边长18厘米方模1个

✎ 做法

准备

1 配料：南瓜切成厚约0.5厘米的片状蒸熟，另外准备去皮的南瓜55克，切小块蒸熟压成泥状备用。

2 葡萄干加朗姆酒浸泡，至少15分钟，再挤干备用。

3 低筋面粉及杏仁粉一起过筛（杏仁粉粗颗粒保留），搅匀备用。

4 将烤模铺纸（P.133 "烤模铺纸" 的说明），烤箱设定上、下火约170℃，提前预热。
● 烤箱预热时机及预热温度，请看P.18的说明。

制作全蛋面糊

5 无盐黄油加鲜奶，隔水加热将黄油融化后，加入做法1的南瓜泥搅成均匀的南瓜奶油糊备用。

6 依P.138 "黑枣蛋糕" 做法5~7将材料❷和❸制成面糊。

7 取做法6的少量面糊倒入做法5的南瓜奶油糊内，快速搅匀后，再倒回原来的面糊内，轻轻地拌匀，制成细致的面糊。
● 少量面糊：约为南瓜奶油糊2倍的分量。

面糊入模

8 用橡皮刮刀将面糊刮入烤模内，轻轻地抹平。

9 接着填入做法1的南瓜片，再撒上葡萄干。

烘烤→参照P.13说明

10 将烤模放入已预热的烤箱中，以上、下火约170℃烤25~30分钟。

葡萄奶酪蛋糕

 材料

蛋糕底

巧克力饼干（市售的）75克、无盐黄油 15克、鲜奶 5克

奶酪蛋糕

❶ 奶油奶酪 300克、细砂糖 65克、全蛋 90克

❷ 原味酸奶 80克、柠檬皮屑 1克（约1小匙）、柠檬汁 10克

❸ 低筋面粉 5克（约2小匙）

配料

新鲜葡萄 16颗

边长18厘米方模1个

做法

准备

1 先将烤模铺纸（P.133 "烤模铺纸" 的说明）。

2 蛋糕底：巧克力饼干捏碎后再放入塑料袋内，用擀面杖压碎，再倒入软化的无盐黄油及鲜奶，用手搓揉均匀（隔着塑料袋），取出铺在烤模内摊开压平。

3 烤箱设定上火约160℃、下火约180℃，提前预热。
●烤箱预热时机及预热温度，请看P.18的说明。

4 奶油奶酪称好后，放在室温下回软；柠檬皮屑加柠檬汁搅匀备用。

奶酪蛋糕

5 奶油奶酪加细砂糖，用橡皮刮刀压软搅散，再用搅拌机以慢速开始搅打。

6 奶油奶酪搅至光滑状后（尽量无颗粒），再倒入全蛋，边倒边搅，成为光滑细致的奶酪糊。

7 接着倒入原味酸奶及柠檬皮屑（含柠檬汁），搅拌均匀。

8 最后加入低筋面粉，搅拌成均匀的酸奶柠檬奶酪糊，再用粗筛网滤成更细致的糊状。
●筛完后，注意筛网内外残留的奶酪糊都要刮干净。

面糊入模

9 用橡皮刮刀将奶酪糊刮入烤模内，轻轻地抹平。

10 将新鲜葡萄（不用剥皮）填入奶酪糊内（每行4颗）。
●最好选用无籽葡萄来制作。

烘烤→参照P.13说明

11 将烤模放入已预热的烤箱中，以上火约160℃、下火约180℃，烤约25分钟。
●烘烤至最后时，如奶酪糊呈小颗粒的粘黏状即可取出（不要烤太干）；待稍微降温稳定后，再取出蛋糕，冷藏后食用，风味最佳。

百香果烫面戚风蛋糕

材料

① 液体油 40克、低筋面粉 65克

② 香橙汁 65克、蛋黄 60克、百香果果肉 20
克（未滤籽）

③ 蛋白 120克、细砂糖 65克

边长18厘米方模1个

做法

准备

1 低筋面粉过筛，烤模边缘抹油（P.109 "准备工作" 的说明），烤模底部铺纸备用（P.133 "烤模铺纸" 的说明）。

2 烤箱设定上火约170℃、下火约150℃，提前预热。
● 烤箱预热时机及预热温度，请看P.18的说明。

制作烫面糊→参照P.110说明

3 依P.117做法4~5，将材料❶的面粉入热油中糊化完成。

4 将材料❷的香橙汁一次倒入做法3的面糊内，轻轻地搅匀。

制作蛋白霜→参照P.11说明

6 依P.11做法6~12将蛋白霜制作完成。
● 蛋白霜的打发程度如一般戚风蛋糕的制作方式。

5 接着一次倒入蛋黄，轻轻地搅到光泽状，再加入百香果果肉，搅成均匀的百香果面糊。

烫面糊 + 蛋白霜→参照P.111说明

7 依P.12做法13~18将烫面糊与蛋白霜混合均匀。
● 混合方式如一般戚风蛋糕的制作方式。

面糊入模

8 用橡皮刮刀将面糊刮入烤模内，并将面糊表面轻轻地抹平。

烘烤→参照P.13说明

9 将烤模放入已预热的烤箱中，在烤盘上注入冷水，以上火约180℃、下火约150℃蒸烤10~15分钟。表皮轻微上色后，再将上火降低10~20℃，续烤25~30分钟。关火后，续闷约5分钟后再取出蛋糕。

对不起

我的心 不专一

活动蛋糕模

● 美丽的鲜艳色彩打造烘焙好心情!

● 随性的依照自己的心情使用不同的蛋糕模，自在不受限!

● 一次拥有平板与空心模，不需再另外购买蛋糕模。让你聪明购买、节省荷包、灵活运用!

幸福，从 unopan 开始

Jnopan is houseware product brand of SAN Neng.The slogan is "bring your chef home"; which means you can take professional chef home and let your friends or families have fun and joy through baking.

UNOPAN为三能旗下的家用品牌！
UNOPAN的口号为bring your chef home,
意味着将专业的厨师带回家，
让更多烘焙爱好者能透过烘焙带给家人及
朋友更多的欢乐及享受烘焙的乐趣。

SHARING HAPPINESS

媲美大师级的器具，家用烘焙好帮手 | **分享的幸福**

三能器具(无锡)有限公司
SAN NENG BAKE WARE (WUXI) CO.,LTD.
http://www.wxsanneng.com
E-mail:snec@wxsanneng.com

图书在版编目（CIP）数据

孟老师的戚风蛋糕 / 孟兆庆著. —沈阳：辽宁科学技术出版社，2017.7

ISBN 978-7-5381-9658-0

Ⅰ.①孟… Ⅱ.①孟… Ⅲ.①蛋糕—制作 Ⅳ.①TS213.23

中国版本图书馆CIP数据核字（2017）第017421号

出版发行：辽宁科学技术出版社
　　　　　（地址：沈阳市和平区十一纬路 25 号　邮编：110003）
印　刷　者：沈阳市精华印刷有限公司
经　销　者：各地新华书店
幅面尺寸：170mm×240mm
印　　张：10
字　　数：200 千字
出版时间：2017 年 7 月第 1 版
印刷时间：2017 年 7 月第 1 次印刷
责任编辑：康　倩
封面设计：魔杰设计
版式设计：魔杰设计
责任校对：周　文

书　　号：ISBN 978-7-5381-9658-0
定　　价：45.00 元

投稿热线：024-23284367　987642119@qq.com　　联系人：康倩
邮购热线：024-23284502